GRUNDKURS
ZIMMER-
PFLANZEN

David Squire & Margaret Crowther

GRUNDKURS
ZIMMER-
PFLANZEN

Arten · Pflege · Vermehrung

Augustus bei

Knaur

Die Deutsche Bibliothek - CIP-Einheitsaufnahme

Ein Titeldatensatz für diese Publikation ist bei der
Deutschen Bibliothek erhältlich.

Dieses Buch folgt den Regeln der neuen deutschen
Rechtschreibung.

Titel der Originalausgabe:Houseplant Basics
Hamlyn, Octopus Publishing Group Ltd
2-4 Heron Quays, London E 14 4JP
© Octopus Publishing Group Limited 2002

Droemersche Verlagsanstalt Th. Knaur Nachf., München 200
© Weltbild Ratgeber Verlage GmbH & Co. KG
Alle Rechte vorbehalten

Umschlaggestaltung: Herbert & Herbertsfrau, Augsburg

Gesamtproduktion: Buch & Konzept,
Annegret Wehland, München
Übersetzung: Birgit Adam, Augsburg
Redaktion: Dr. Hans W. Kothe, Jena-Isserstedt
Satz: Buch & Konzept, München
Gesetzt aus der Vectora 8/11 Punkt

Gedruckt auf chlorfrei gebleichtem Papier

Printed in China

ISBN 3-426-66763-0

INHALT

VORWORT

In einem Haus ohne Zimmerpflanzen fehlt etwas. Dabei spielt es keine Rolle, ob wir uns Pflanzen – abhängig von der Saison – nur vorübergehend in die Wohnung holen, oder ob eine langlebige Pflanze über Jahre einen festen Platz in unserer Umgebung einnimmt. Sicher ist, dass Pflanzen eine Wohnung farbenfroher und heiterer machen.

Ob Pflanzen darauf reagieren, wenn man mit ihnen spricht, ist umstritten. Auf eines reagieren sie aber ganz sicher: auf gute Pflege. Wenn Ihre Pflanzen besonders hübsch aussehen sollen, müssen Sie wissen, unter welchen Bedingungen sie in der Natur wachsen und versuchen vergleichbare Verhältnisse zu schaffen. Wichtig ist dabei ein geeignetes Substrat, genug Licht und Wasser sowie die richtige, jahreszeitlich oft unterschiedliche Luftfeuchtigkeit und Temperatur. Außerdem sollten Sie wissen, wie viel und wann Sie düngen müssen und was die Pflanze sonst noch braucht. Belohnt werden Sie dafür dann mit kräftigem und gesundem Wuchs, gutem Aussehen sowie schönen Blättern und Blüten. Und im Grund ist es auch gleichgültig, ob Pflanzen auf menschlichen Zuspruch reagieren, denn eines ist sicher: Menschen reagieren ganz bestimmt auf Pflanzen und die meisten fühlen sich wohler, wenn welche im Haus sind.

Zimmerpflanzen müssen Sie ebenso geplant kaufen wie alle anderen Einrichtungsgegenstände, denn eine Pflanze sollte nicht nur hübsch aussehen, sondern auch zur Umgebung passen. Noch wichtiger ist es aber, gesunde Pflanzen zu kaufen, damit Sie lange etwas von ihnen haben. Schauen Sie sich die Pflanze vor dem Kauf genau an und nehmen Sie keine Exemplare, bei denen die Wurzeln aus den Löchern im Topf wuchern. Verzichten Sie aber auch auf Pflanzen mit welken Blättern oder Anzeichen von Schädlingsbefall bzw. Krankheiten, ebenso wie auf Exemplare, die in der prallen Sonne oder an einem zugigen Platz stehen.

Transportieren Sie die Pflanzen nach dem Kauf zügig, aber auch vorsichtig nach Hause, um sie anschließend bei sich einzugewöhnen. Sorgen Sie dafür, dass man die Pflanze einwickelt, damit sie vor Zugluft geschützt ist und während der Heimfahrt nicht beschädigt wird. Stellen Sie Ihre Pflanzen nicht in den Kofferraum, wenn es draußen sehr heiß oder kalt ist, sondern transportieren Sie sie lieber aufrecht in einem Karton im Innenraum. Wenn Sie mit Ihrer Pflanze zu Hause angekommen sind, sollte sie zunächst einen halb schattigen Platz in einem nicht zu warmen, möglichst zugfreien Zimmer bekommen, damit sie sich dort etwa eine Woche lang eingewöhnen kann. Während dieser Zeit muss sie regelmäßig gegossen werden; außerdem sollte man sie auf Schädlingsbefall oder Krankheiten überprüfen. Wenn anfangs einige Knospen oder Blätter abfallen, besteht zumeist noch kein Grund zur Sorge. Vermutlich sind das nur Folgen der Umstellung.

Oben: In einem Wintergarten lassen sich auch
ausladende Farne und
andere große Grünpflanzen
pflegen.

1 GESUNDE PFLANZEN

Die meisten Zimmerpflanzen sind anspruchslos und blühen, sofern sie genug Licht bekommen und mit ausreichend Wasser und Dünger versorgt werden, oft viele Jahre und belohnen uns so reichlich für die wenige Pflege.

Links: Auf einer Glasveranda gibt es Plätze mit unterschiedlichen Temperatur- und Lichtverhältnissen, sodass dort viele verschiedene Pflanzen gedeihen können.

Rechts: Rosa und rote Hybriden von *Kalanchoe blossfeldiana* (Flammendes Käthchen) bringen Farbe in eine Gruppe panaschierter Blattpflanzen, beispielsweise einem jungen *Ficus benjamina* 'Variegata' (Birkenfeige), einer *Hedera helix* (Efeu) und einem *Ficus pumila* (Kletterfeige).

Wasser gehört zu den Dingen, die Pflanzen wirklich regelmäßig benötigen. Verwenden Sie eine Gießkanne mit langer Tülle, weil das die Handhabung erleichtert. Pflanzen, die eine hohe Luftfeuchtigkeit brauchen, sollten Sie außerdem von Zeit zu Zeit mit lauwarmem, kalkfreiem Wasser besprühen. Dazu benutzt man am besten eine handelsübliche Sprühflasche; man kann die Pflanzen aber auch in eine Schale oder einen Untersetzer mit Wasser und Tonkügelchen oder Kieselsteinen stellen. Das sieht nicht nur hübsch aus, sondern erhöht zudem die Luftfeuchtigkeit in Pflanzennähe.

Damit Ihre Pflanzen stets hübsch aussehen, sollten welke Blätter und Blüten regelmäßig entfernt werden; außerdem können Sie für einen buschigeren Wuchs immer wieder einmal einige Triebspitzen abschneiden. Wichtig ist aber auch, die Blätter von Zeit zu Zeit mit einem Tuch und lauwarmem Wasser abzuwischen und Sie sollten Ihre Zimmerpflanzen regelmäßig auf Schädlinge oder Krankheiten kontrollieren und, wenn nötig, sofort Gegenmaßnahmen ergreifen (siehe S. 122–123).

Wenn der Topf einer Zimmerpflanze ganz mit Wurzeln durchwuchert ist, muss sie umgetopft werden. Dadurch bekommt die Pflanze wieder mehr Platz für ihre Wurzeln und zudem neue Nährstoffe. Setzen Sie die Pflanze in einen Topf, der nur unwesentlich größer ist als der alte, besonders wenn die Pflanze noch jung ist. Ist der Topf zu groß, müssen die Wurzeln in zu feuchter Erde wachsen, wodurch sie häufig faulen. Kübelpflanzen werden zumeist nicht umgetopft, sondern nur regelmäßig mit Kopfdünger versorgt.

Umgetopft wird, wenn die Pflanzenwurzeln unten aus dem Blumentopf herauswachsen. Es gibt aber auch noch andere, allerdings oft weniger deutliche Anzeichen, etwa schlechtes Wachstum oder ein ungesundes Aussehen. Beide Symptome sind die Folge von Nährstoffmangel. Zumeist sind in einem solchen Fall die neu gebildeten Blätter ziemlich klein und die älteren sehen gelblich aus. Außerdem ist die Blütenbildung häufig geringer. Manchmal haben junge Blätter auch helle Flecken auf der Oberfläche, und sie wirken nicht selten schlaff.

Eine gesunde Pflanze beginnt schon bald nach dem Umtopfen wieder zu wachsen und bildet dabei neue, gesund aussehende Triebe und Blätter. Stellen Sie die Pflanze bis zur Bildung neuer Triebe an einen halb schattigen Platz, denn dort benötigt sie weniger Wasser als in der prallen Sonne. Pflanzen mit panaschierten Blättern brauchen etwas mehr Licht; zu starke Sonneneinstrahlung sollten Sie aber auch hier vermeiden. Drehen Sie Ihre Pflanzen mehrmals pro Woche um etwa 90 Grad. Auf diese Weise bekommen Sie einen gleichmäßigeren Wuchs, weil immer andere Triebe zum Licht wachsen. Empfehlenswert ist es außerdem, einen Übertopf zu verwenden, der farblich zur Pflanze passt.

Links: Die ganzjährig angebotenen Topfchrysanthemen blühen etwa einen Monat lang.
Rechts: Große Blattpflanzen wie der panaschierte *Ficus benjamina* 'Golden King' (Birkenfeige) kommen besser zur Geltung, wenn man sie mit anderen Blattpflanzen, etwa *Asplenium nidus* (Nestfarn) und *Kalanchoe blossfeldiana* (Flammendes Käthchen) kombiniert.

UNTERSCHIEDLICHE ZIMMERPFLANZEN

Zimmerpflanzen gibt es in allen Größen und Formen. Sie wachsen schnell oder langsam, sind lang- oder kurzlebig und bilden farbenfrohe Blüten oder auch besonders hübsche Blätter. Einige Arten und Sorten wachsen buschig heran, andere bilden nur eine grundständige Rosette; viele bleiben klein genug, um auf Tischen und Fensterbrettern Platz zu finden, während andere so groß werden, dass man sie besser auf den Boden stellt. Dazu gehören beispielsweise in Kübeln wachsende Farne oder auch kleinere Bäume wie die hübsche Birkenfeige. Außerdem gibt es Kletter- und Hängepflanzen, die an Stäben oder Spalieren hochwachsen, oder dekorativ von Sockeln, Simsen und hohen Fensterbrettern herabhängen.

Die meisten Menschen pflegen Zimmerpflanzen wegen ihrer Blüten. Es gibt aber auch Arten und Sorten, die besonders angenehm duften, die eine besonders hübsche Wuchsform besitzen oder auch Blätter, die so bunt sind, dass sie Blüten in ihrer Attraktivität kaum nachstehen. Bei anderen wirken die Blätter eher unscheinbar; dafür entwickeln sie aber alljährlich eine wahre Blütenpracht.

Es gibt Pflanzen, die besonders für sonnige Zimmer geeignet sind; andere gedeihen besser in kühleren Räumen. Bei einer Reihe von Pflanzen, etwa Palmen, Farnen, Bromelien, Kakteen und anderen Sukkulenten, muss man die typischen Ansprüche – etwa eine hohe Luftfeuchtigkeit oder aber auch sehr trockene Bedingungen – ganz genau einhalten, weil sie sonst nicht wachsen. Und schließlich gibt es noch Pflanzen, die wegen ihrer bunten Beeren oder Früchte gepflegt werden, Fleisch fressende Pflanzen (Insektivoren), die in speziellen Fangvorrichtungen Insekten erbeuten und natürlich die zahlreichen Blütenpflanzen, die im Haus aus Blumenzwiebeln gezogen werden.

Viele Pflanzen haben zwar einen deutschen Namen, der aber oft regional oder sogar von Pflanzenliebhaber zu Pflanzenliebhaber unterschiedlich ist. Für ein richtiges Ansprechen der Pflanzen sind daher die wissenschaftlichen Namen besser geeignet. Doch sogar diese ändern sich von Zeit zu Zeit. Daher finden Sie in diesem Buch in manchen Fällen die neuen und alten Namen (als Synonyme; abgekürzt: syn.). Dies trifft besonders auf viele Kakteen zu, die manchmal unter drei verschiedenen Namen im Handel sind.

DER RICHTIGE PLATZ

Wenn Sie Ihre Pflanze heil nach Hause gebracht und dort eingewöhnt haben, benötigt sie nach Möglichkeit einen festen Platz.

Das geeignete Zimmer

Gute Standorte für Pflanzen sind Wohn-, Ess- oder Schlafzimmer, in denen eine weitgehend konstante Temperatur herrscht; außerdem zieht es dort nicht so sehr, wie an vielen anderen Stellen des Hauses. Im Wohn- und Esszimmer können Sie Kübelpflanzen auf dem Boden zusammenstellen, um einen hübscher Blickfang zu schaffen, oder Sie arrangieren Topfpflanzen auf Fensterbrettern oder Tischen.

Das zumeist kühlere Schlafzimmer eignet sich für Farne, Azaleen, Alpenveilchen und andere Pflanzen mit geringeren Temperaturansprüchen. Aus dieser Gruppe sind zahlreiche Pflanzen im Handel, angefangen bei ausladenden Farnen bis hin zu zierlichen Primeln. Ungeheizte Gästezimmer eignen sich hervorragend für Pflanzen, die im Winter eine Ruhezeit benötigen. Außerdem können Sie dort sehr gut Samen keimen lassen oder auch neue Pflanzen aus Ablegern ziehen.

Die Küche mit ihrem hektischen Treiben und wechselnden Temperaturen ist für die meisten Pflanzen nicht besonders gut geeignet. Preiswerte und besonders robuste Pflanzen sind hier noch am besten aufgehoben, beispielsweise pflegeleichte Grünpflanzen für eine Ampel oder anspruchslose Blütenpflanzen für das Fensterbrett.

Das Badezimmer eignet sich vor allem für Arten und Sorten, die eine hohe Luftfeuchtigkeit benötigen, beispielsweise Farne. Allerdings ist es nicht in allen Badezimmern die ganze Zeit über feucht und die Temperatur unterliegt oft ebenfalls starken Schwankungen. Auch hier sind besonders robuste Pflanzen die beste Wahl.

Ist eine Diele, ein Treppenabsatz oder ein Gang nicht zu

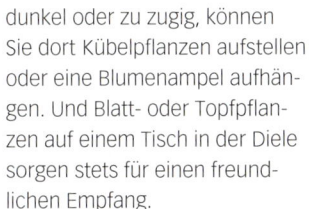

Links: Da Farne eine hohe Luftfeuchtigkeit benötigen, kann man sie gut im Bad unterbringen. Der Geweihfarn *(Platycerium bifurcatum)* ist eine auffällige Solitärpflanze, die gut zu hellen Waschbecken und altmodischen Armaturen passt.
Rechts: Das kleine Blaue Lieschen *(Exacum affine)* gehört zu den nur schwach duftenden Pflanzen und passt daher hervorragend in ein Schlafzimmer.

dunkel oder zu zugig, können Sie dort Kübelpflanzen aufstellen oder eine Blumenampel aufhängen. Und Blatt- oder Topfpflanzen auf einem Tisch in der Diele sorgen stets für einen freundlichen Empfang.

Viele Blütenpflanzen duften, auch wenn die meisten nicht aus diesem Grund, sondern wegen ihrer Blüten gepflegt werden. Aber auch von typischen Duftpflanzen gibt es geruchlose Sorten. Daher sollten Sie beim Kauf stets Ihre Nase benutzen. Den Platz für stark duftende Pflanzen, etwa Hyazinthen, Wachsblumen, Jasmin oder Kranzschlingen, gilt es gut auszusuchen.

Viele Menschen mögen einen leichten Pflanzenduft im Schlafzimmer, während andere dies als unangenehm empfinden. Auch für die Küche oder ein kleines Esszimmer eignen sich stark duftende Pflanzen nicht besonders. Einige Arten, etwa *Cestrum nocturnum* (Hammerstrauch), duften in der Nacht stärker und eignen sich so wunderbar für das Wohnzimmer. In die Diele gestellte Duftpflanzen verteilen ihren Duft im ganzen Haus und heißen Gäste so auf besondere Weise willkommen.

Die beste Wirkung

Es gibt viele Möglichkeiten, Pflanzen zur Geltung zu bringen. Am einfachsten ist es natürlich, eine Pflanze allein in einen Topf zu setzen und diesen an einen Ort zu stellen, an dem genug Licht vorhanden ist – etwa auf ein Fensterbrett. Allerdings sehen Pflanzen in einer Gruppe zumeist hübscher aus – und sie wachsen auch besser. Man kann eine solche Gruppe so arrangieren, dass die Blumentöpfe sichtbar sind, sie aber auch in einen gemeinsamen Behälter, z. B. in einen größeren Trog stellen. Oder man pflanzt sie gleich in einen gemeinsamen Behälter und legt so eine Art Garten im Haus an.

Bei manchen Pflanzen gibt es bezüglich des Standorts wenig Ermessensspielraum. So müssen sehr große Pflanzen in Kübeln auf dem Boden stehen – allerdings nicht unbedingt allein. Mit einer Solitärpflanze, z. B. einer Palme als Hauptelement sowie Blattpflanzen und Farnen in verschiedenen Größen und einem hübsch gefärbten Efeu zur Auflockerung kann man in Räumen mit hohen Decken, einfarbigen Wänden und schlichten Möbeln

eine erstaunliche Wirkung erzielen. Ein solches Arrangement lässt sich mit einem großen Spiegel, der die Pflanzen von allen Seiten zeigt, sogar noch verstärken. Außerdem können Sie mit geschickt eingesetzten Strahlern Licht- und Schatteneffekte erzeugen.

Kletter- und Hängepflanzen, die viel Platz zum Wachsen brauchen, sind gut in einer Blumenampel oder an einer Kletterhilfe aufgehoben. Kleine Kletterpflanzen können sich an Bambusstäben hochwinden oder um Drahtringe ranken, größere, beispielsweise als Raumteiler eingesetzte Exemplare, lassen sich ausgezeichnet an einem kräftigen Spalier hochziehen. Man kann mit ihnen aber auch eine unschöne Stelle in einem Raum verdecken oder sie an der Wand eines Wintergartens emporklettern lassen.

Kleinere Pflanzen, die eine besonders hohe Luftfeuchtigkeit benötigen oder empfindlich gegen Zug sind, kann man in ein Glasterrarium, eine hübsche große Flasche oder in eine Wardsche Kiste setzen und so einen schönen und interessanten Blickfang schaffen.

PFLANZGEFÄSSE UND SUBSTRAT

Der Handel bietet Pflanzen normalerweise in Plastiktöpfen und einem Substrat an, das Nährstoffe für einige Monate enthält. Allerdings sehen solche Kunststofftöpfe nicht sehr schön aus, sodass Sie einen Übertopf verwenden oder die Pflanze in ein hübscheres Gefäß umtopfen sollten. Langlebigere Arten und Sorten müssen Sie außerdem regelmäßig umpflanzen.

Pflanzgefäße

Blumentöpfe gibt es in Durchmessern von 3,5–38 cm – gemessen an der oberen Öffnung. Für die meisten Zimmerpflanzen reichen die folgenden vier Größen: 6 cm, 8 cm, 13 cm und 18 cm; große Pflanzen, die auf dem Boden stehen sollen, brauchen eher einen Topf mit einem Durchmesser von 25 cm. Für alle Blumentöpfe gibt es außerdem passende Untersätze.

Normalerweise hält man Zimmerpflanzen in Tontöpfen. Diese geben der Pflanze einen festen Halt und passen farblich zu den meisten Blättern und Blüten. Da sie porös sind, kann überschüssige Feuchtigkeit verdunsten und auch unerwünschte Salze treten oft durch diese Poren aus. Für manche Pflanzen eignen sich jedoch Plastiktöpfe besser, besonders wenn Sie ein Torfsubstrat verwenden. Da aus solchen Töpfen weniger Wasser verdunstet, dürfen Sie diese Pflanzen nicht zu stark gießen. Fast alles mit vier Seiten und einem Boden kann als Pflanzgefäß oder Übertopf dienen.

Beispiele sind alte Teedosen, Vorratsgläser, Teekannen oder Salatschüsseln. Aber auch in Holzkisten lassen sich Pflanzen geschmackvoll in Szene setzen. Plastikgefäße können Sie erst einfarbig vorstreichen und dann bemalen oder mit Sackleinwand bzw. Geschenkpapier überziehen. Körbe lassen sich gut mit Farbe besprühen, und in ein Gefäß gelegte Holzklötze geben Pflanzen die gewünschte Höhe. Wenn Sie Gefäße aus Metall oder einem nicht wasserdichten Material verwenden, sollten Sie die Pflanzen in ihrem Topf lassen. Stellen Sie eine große Plastikschale in das Gefäß oder legen Sie es zunächst mit einer Plane

Links: Dieses kleine Terrarium ist ein zwar ungewöhnliches, aber durchaus hübsches Gefäß zum Bepflanzen.

Rechts: Der Auswahl von Pflanzgefäßen sind keine Grenzen gesetzt. So kommt eine einfache Topfpflanze wie dieses Flammende Käthchen (*Kalanchoe blossfeldiana*) in dem kunstvoll gefertigten Vogelkäfig auf ganz ungewöhnliche Weise zur Geltung.

und dann mit Zeitungspapier aus, damit überschüssiges Wasser aufgesaugt wird.

Wenn Sie Pflanzen direkt in ein Gefäß setzen, das eigentlich nicht zum Bepflanzen gedacht war, müssen Sie darauf achten, dass überschüssiges Wasser ablaufen kann.

Eine Möglichkeit besteht darin, den Boden des Gefäßes mit einer dicken Schicht Tongranulat zu bedecken, das Feuchtigkeit aufnehmen kann und so für eine natürliche Entwässerung sorgt. Vermischen Sie die Erde mit Holzkohle, um eine Ansäuerung zu verhindern.

Das Substrat

Pflanzerde ohne Torfzusatz wird immer beliebter, weil bei ihrer Herstellung keine Moore zerstört werden müssen und so ein wichtiger Lebensraum für viele Pflanzen und Tiere erhalten bleibt. Torffreie Pflanzerde enthält normalerweise Fasern, die aus der Schale von Kokosnüssen gewonnen werden.

Viele Pflanzenliebhaber schwören zwar weiterhin auf torfhaltige Substrate, aber es

lohnt sich durchaus, einmal eine handelsübliche Mischung mit Kokosfasern auszuprobieren, denn sie hat in vielerlei Hinsicht die gleichen Eigenschaften wie Torf, hält also beispielsweise die Feuchtigkeit und lockert das Substrat auf.

Wenn die Nährstoffe verbraucht sind, kann man die Reste sogar noch als Mulch für den Garten verwenden. Außer Kokosfasersubstraten wird es in Zukunft sicher auch vermehrt Produkte auf Stroh-, Baumrinde- und Holzfaserbasis geben.

Das Substrat in einem Blumentopf gibt den Pflanzen Halt, speichert Feuchtigkeit und versorgt die Wurzeln mit Nährstoffen. Gartenerde ist für Zimmerpflanzen ungeeignet, weil es sehr unterschiedliche Zusammensetzungen gibt; außerdem ist sie zumeist nicht sehr durchlässig und enthält unter Umständen sogar Unkrautsamen oder Schädlinge bzw. Krankheitskeime. Deshalb sollten Sie speziell

für Zimmerpflanzen hergestellte Substrate verwenden, von denen es zwei Haupttypen gibt:

Herkömmliche Blumenerde, die aus teilsterilisiertem Kompost, Torf, grobem Sand und Dünger besteht. Diese Mischung eignet sich für die meisten Zimmerpflanzen. Sie ist vergleichsweise schwer, sodass sie auch großen Pflanzen Halt gibt; außerdem speichert sie ziemlich gut Wasser und sie enthält viele Mineralstoffe und Spurenelemente.

Torf- oder Torfersatzsubstrate trocknen dagegen vergleichsweise schnell aus und lassen sich zudem nur schwer wieder anfeuchten; außerdem enthalten sie weniger Nährstoffe, sodass früher gedüngt werden muss. Dafür sind sie vergleichsweise leicht und gut zu transportieren. Wichtig ist, dieses Substrat vor der Benutzung gründlich aufzulockern, weil der Torf durch die Lagerung im Gartencenter oder in der Gärtnerei oft stark zusammengepresst ist.

Links: Usambaraveilchen *(Saintpaulia)* stellt man an einen hellen Platz, an dem die zierlichen Blüten gut zur Geltung kommen. Abgestorbene oder beschädigte Blätter werden sofort entfernt; gegossen wird möglichst von unten, damit die Blätter trocken bleiben.

GIESSEN

Ohne Wasser sterben Pflanzen schnell ab. Aber auch zu viel Feuchtigkeit ist schädlich, weil in das vollgesaugte Substrat keine Luft eindringen kann und die Wurzeln schließlich verfaulen. Deshalb müssen die Pflanzen so gegossen werden, dass möglichst die genau richtige Menge Wasser zur Verfügung steht, wobei zu berücksichtigen ist, dass die meisten Zimmerpflanzen im Sommer mehr Feuchtigkeit benötigen als im Winter.

Richtig gießen

Normalerweise gießt man Zimmerpflanzen von oben, lässt das Wasser also langsam aus der Kanne auf das Substrat rinnen, bis der Raum zwischen der Substratoberfläche und dem Topfrand vollständig mit Wasser gefüllt ist. Man kann die Töpfe aber auch in eine Schüssel mit Wasser stellen, damit die Erde die notwendige Feuchtigkeit aufsaugt. Anschließend nimmt man den Topf aus der Schüssel und lässt das überschüssige Wasser ablaufen. Pflanzen, die das benötigte Wasser der Luft entziehen, etwa

Tillandsien, müssen regelmäßig besprüht werden; bei Bromelien, deren Blattrosette einen Trichter bildet, wird diese „Zisterne" mit Wasser gefüllt.

Urlaubspflege

Viele Zimmerpflanzen, die das ganze Jahr über gehegt und gepflegt werden, gehen ein, sobald ihre Besitzer im Urlaub sind. Der Grund ist oft zu geringes oder zu kräftiges Gießen, sodass es in vielen Fällen sinnvoller ist, sich auf ein automatisches Bewässerungssystem zu verlassen, als auf seine Nachbarn. So kann man beispielsweise große Pflan-

zen in einem leicht abgedunkelten Zimmer mit ihrem Untersatz auf eine Plastikfolie stellen und dann in der Woche vor dem Urlaub mehrmals gut gießen. Das reicht normalerweise, um die Pflanzen über eine sieben- bis zehntägige Abwesenheit zu bringen.

Kleine Pflanzen können Sie in große, 1 cm hoch mit Wasser gefüllte Schalen an einen halb schattigen Platz stellen. Dort brauchen sie dann bis zu 14 Tage lang keine weitere Pflege.

Eine andere, recht beliebte Methode besteht darin, eine Bewässerungsmatte auf ein Abtropfbrett zu legen und ein Ende der Matte in das mit Wasser gefüllte Spülbecken zu hängen.

Hilfe für vertrocknete Pflanzen

Wenn Pflanzen nicht ausreichend gegossen werden, verwelken sie.

Ein einfacher Wasserdocht

Mit diesem einfachen Trick können Sie dafür sorgen, dass Ihre Zimmerpflanzen während des Urlaubs genug Wasser bekommen: Stellen Sie die Pflanze über eine Schüssel mit Wasser. Stecken Sie dann einen Docht durch das Loch im Topfboden und hängen Sie das andere Ende dann ins Wasser.

GIESSEN ZUM RICHTIGEN ZEITPUNKT

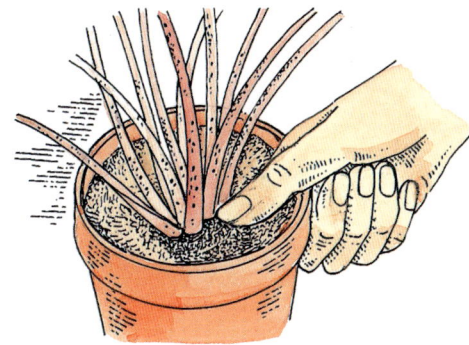

1 Gießen Sie nur dann, wenn Sie mit dem Daumen über das Substrat streichen und dieses sich nicht schwammig anfühlt.

3 Teststreifen zum Anzeigen der Feuchtigkeit werden in die Erde gesteckt und dort belassen. Sie verfärben sich, wenn die Erde austrocknet.

2 Als Alternative können Sie aber auch eine Garnrolle auf einen Bleistift stecken und damit an den Tontopf klopfen: Ein dumpfer Ton bedeutet, die Erde ist feucht, ein heller heißt, es muss möglichst bald gegossen werden.

4 Elektrische Geräte zur Messung der Feuchtigkeit bestehen aus einer bleistiftähnlichen Sonde, die in das Substrat gesteckt wird. Auf einer Skala kann man dann ablesen, wie feucht die Erde ist.

Ist dieser Prozess schon weit fortgeschritten, erholt eine Pflanze sich nicht mehr, egal, wie kräftig man sie auch gießt. Viele Pflanzen können aber noch gerettet werden. Stellen Sie den Topf in eine Schüssel, die Sie zuvor 3–4 cm hoch mit Wasser gefüllt haben. Ist das Wasser bis an die Substratoberfläche vorgedrungen, nehmen Sie die Pflanze aus der Schüssel und stellen sie einige Tage in den Halbschatten.

Hilfe für zu stark gegossene Pflanzen

Hat sich Blumenerde stark mit Wasser vollgesaugt, gelangt keine Luft mehr in das Substrat. Die Wurzeln können dann nicht mehr atmen und die Pflanze stirbt ab. Oft sind solche Exemplare aber noch zu retten. Lösen Sie den Wurzelballen der entsprechenden Pflanze zunächst vorsichtig aus dem Topf. Um-

wickeln Sie den Ballen zum Absaugen des Wassers mit Küchentüchern und warten Sie, bis die Wurzeln etwas trockener sind (sehr dichte Wurzelballen lässt am besten an der Luft trocknen). Wenn das Substrat abgetrocknet ist, können Sie die Pflanze dann in einen sauberen Topf mit frischer Erde setzen. Lassen Sie ihr anschließend ein paar Tage Ruhe, bevor sie wieder regelmäßig gießen.

DÜNGEN & UMTOPFEN

Wenn ein Blumentopf vollständig mit Wurzeln ausgefüllt ist, müssen Sie die entsprechende Pflanze regelmäßig düngen, weil sie sonst schlecht wächst und zudem ungesund und wenig attraktiv aussieht. Blattpflanzen und Sommerblumen werden normalerweise von Frühjahrsbeginn bis in den Spätsommer in Abständen von zehn bis 14 Tagen gedüngt; gleiches gilt für im Winter blühende Arten und Sorten während ihrer Blütezeit.

Am beliebtesten ist sicher die Nährstoffversorgung mit einem konzentrierten Flüssigdünger, der mit lauwarmem Wasser gemischt wird. Halten Sie sich bezüglich der Konzentration an die Angaben des Herstellers, und überprüfen Sie vor dem Düngen, ob die Erde auch feucht ist, weil sie die Nährstoffe nur dann schnell und gleichmäßig aufnehmen kann. Bereiten Sie nicht mehr Dünger zu, als Sie brauchen und benutzen Sie die mit Dünger in Berührung gekommene Gefäße nur für diesen Zweck. Wichtig ist auch, den Dünger an einem Platz aufzubewahren, den Kinder und Haustiere nicht erreichen können.

Eine besonders saubere und einfache Methode ist die Düngung mit Stäbchen oder Tabletten. Schieben Sie das Düngestäbchen oder die Tablette etwa 1 cm vom Topfrand entfernt vorsichtig in die Erde und Ihre Pflanzen sind über einen längeren Zeitraum ausreichend mit Nährstoffen versorgt.

Verabreichen Sie Pflanzen, die den ganzen Sommer über blühen, ab Sommermitte keine Düngestäbchen oder -tabletten mehr, weil der bereitgestellte Dünger für den Rest der Blütezeit reicht. Anschließend sollten die Pflanzen dann eine Ruhephase durchmachen können. Im Winter blühende Arten und Sorten bekommen normalerweise im Herbst und Frühwinter ihre Düngestäbchen oder -tabletten.

PFLANZEN UMTOPFEN

Wenn eine Pflanze umgetopft werden muss, haben Sie – je nach den Ansprüchen der Pflanze – zwei Möglichkeiten: Entweder Sie verwenden Plastiktöpfe mit einem Torfsubstrat oder Tontöpfe mit herkömmlicher Blumenerde. Legen Sie Tontöpfe vor der Benutzung ungefähr 24 Stunden ins Wasser, damit sie dem Substrat später kein Wasser mehr entziehen.

Normalerweise benötigen Sie nur fünf Topfgrößen: 6 cm, 8 cm, 13 cm, 18 cm und 25 cm. Verwenden Sie beim Umtopfen jeweils die nächste Größe. Achten Sie unbedingt darauf, zwischen der Substratoberfläche und dem Topfrand genug Platz für das Gießwasser zu lassen. Bei Töpfen mit 6–13 cm Durchmesser sollte der Abstand rund 1 cm betragen, bei Töpfen mit 14–19 cm ungefähr 2 cm, bei Töpfen mit 20–23 cm etwa 2,5 cm und 3,5 cm bei Töpfen mit 25–30 cm Durchmesser.

Kopfdüngung

Da große Kübelpflanzen normalerweise nicht umgetopft werden, benötigen sie jedes Frühjahr eine Kopfdüngung. Entfernen Sie dazu die oberen 25–35 mm des alten Substrats und ersetzen Sie es durch frische Erde. Beschädigen Sie dabei aber möglichst nicht die Wurzeln der Pflanze und lassen Sie etwas Abstand zwischen Substrat und Kübelrand, damit Sie die Pflanze später gut gießen können.

1 Gießen Sie die Pflanze am Tag vor dem Umtopfen. Klopfen Sie mit dem Topfrand gegen eine harte Fläche, um den Wurzelballen zu lösen. Gelingt das nicht, stecken Sie ein Messer zwischen Ballen und den Topfrand.

2 Untersuchen Sie die Wurzeln auf Krankheiten oder Schädlinge und lockern Sie sie ein wenig mit Hilfe eines Plastikstreifens oder eines Stöckchens auf.

3 Nehmen Sie einen sauberen Topf, der etwas größer ist als der alte. Wenn Sie die Pflanze in einen Plastiktopf setzen, brauchen Sie keine Scherbe für das Bodenloch.

4 Geben Sie eine Hand voll Substrat in den Topf und drücken Sie es fest. Setzen Sie die Pflanze in den Topf und überprüfen Sie, ob der Wurzelballen weit genug unter dem Topfrand liegt, damit Sie noch gießen können. Geben Sie neues Substrat in den Topf und drücken Sie es etwas an. Achten Sie aber darauf, dass die Erde dennoch locker bleibt.

5 Füllen Sie so lange Substrat nach, bis der Wurzelballen bedeckt ist. Klopfen Sie dann vorsichtig an die Seiten des Topfes, damit die Oberfläche eben wird. Stellen Sie die Pflanze anschließend an einen Platz, wo das Wasser gut ablaufen kann und gießen Sie an. Füllen Sie dabei den gesamten Gießraum, und lassen Sie überschüssiges Wasser ablaufen. Stellen Sie die Pflanze danach in einen hübschen Übertopf, und gießen Sie erst wieder, wenn die Substratoberfläche hell aussieht.

Links: Ein junger *Plumbago capensis* (Kap-Bleiwurz) lässt sich gut an einem Drahtring befestigen. Anschließend stellt man ihn auf ein Fensterbrett, wo man seine herrlichen phloxähnlichen Blüten dann vom Sommer bis in den Herbst hinein bewundern kann. Die kräftige Bleiwurz bildet manchmal bis zu 1,2 m lange Triebe, was sich aber verhindern lässt, wenn man sie im Frühjahr zurückschneidet.

Rechts: Die exotisch duftende *Stephanotis floribunda* (Kranzschlinge) gedeiht am besten, wenn sie den Winter über in einem relativ kühlen Raum steht, wo sie aber vor Zug und plötzlichen Temperaturschwankungen geschützt sein muss. Die jungen Pflanzen sehen in Kranzform besonders hübsch aus.

DIE RICHTIGE PFLEGE

Viele Zimmerpflanzen bilden bei unzureichender Pflege ungerichtete Triebe oder verstauben und sehen dann nicht mehr besonders attraktiv aus. Außerdem beeinträchtigt Staub die Funktion und damit das Wachstum der Blätter, denn er verstopft die hauptsächlich an der Blattunterseite liegenden Spaltöffnungen, sodass der Luftaustausch beeinträchtigt wird, mit dem Ergebnis, dass die Blätter welken und absterben.

Große Blätter mit glatter Oberfläche werden am besten mit einem weichen Tuch abgewischt und dann mit Wasser gesäubert. Stellen Sie Pflanzen aber erst wieder in die Sonne, wenn die Blätter trocken sind, denn Wassertropfen wirken wie kleine Brenngläser, sodass es zu Schädigungen der Blattoberfläche kommen kann.

Zum Säubern der Blätter sollte man möglichst kalkfreies, weiches Wasser nehmen. Wenn

Sie in einer Gegend mit hartem Wasser wohnen, können Sie Regen- oder abgekochtes Leitungswasser verwenden. Manche Pflanzenfreunde schwören auch auf Milch, Bier und verdünnten Essig, doch tatsächlich bringen diese Mittel wenig Glanz auf die Blätter. Auch Olivenöl wird immer wieder empfohlen, obwohl dies die Verschmutzung eher verstärkt. Es gibt aber spezielle Blattreinigungsmittel, die im Fachhandel erhältlich sind.

Blattpflege

Es ist wichtig, die Blätter Ihrer Pflanzen stets sauber zu halten. Große, glatte Blätter, z. B. von *Ficus elastica* (Gummibaum) und *Monstera deliciosa* (Fensterblatt) werden am besten mit einem feuchten Tuch abgewischt; Pflanzen mit vielen kleinen Blättern kann man kopfüber in eine Schüssel mit Wasser tauchen. Hat eine Pflanze stark behaarte Blätter, säubert man diese vorsichtig mit einer möglichst weichen Bürste.

Beschädigte Blätter werden am besten abgeschnitten, ebenso wie zu lange und unerwünschte Triebe. Letzteres sollte mit einer scharfen Schere direkt oberhalb eines Knotens geschehen. Besonders Azaleen bilden oft sehr lange Triebe, die man unbedingt entfernen sollte. Gleiches gilt für welkende Blätter, die mit ihrem Stiel abgeschnitten werden. Sitzen abgestorbene Blätter an der Spitze eines Triebes, schneidet man den gesamten Trieb mit einer scharfen Schere bis zum Ansatz zurück.

Welke Blüten

Blütenreste kneift man am besten einzeln ab, etwa bei Azaleen, die oft über mehrere Wochen unzählige Blüten bilden. Sind die ersten verwelkt, nehmen Sie den Trieb in die Hand und lösen die Blütenreste vorsichtig ab. Bei Alpenveilchen entfernt man alle verwelkten Blüten mit Stiel, wobei man oft kräftig ziehen muss, bis er sich von der Pflanze löst. Wenn Sie nur die Blüte entfernen, verfault der Stiel langsam und kann dann andere Blüten und Stängel in Mitleidenschaft ziehen – ganz abgesehen davon, dass es unschön aussieht. Lassen Sie die Blüten und Stiele nicht im Blumentopf liegen, sondern werfen Sie alle Pflanzenreste auf den Komposthaufen.

ANBINDEN UND UNTERSTÜTZEN

Kletterpflanzen brauchen eine Kletterhilfe, damit ihre Stängel nicht wild durcheinander wachsen oder gar Nachbarpflanzen überwuchern und im Wuchs beeinträchtigen. Geeignete Kletterhilfen sind Bambusstäbe und handelsübliche Kunststoffgitter. Einige Pflanzen, etwa der Zimmerjasmin *(Jasminum polyanthum)*, sehen aber hübscher aus, wenn sie an einem Ring aus biegsamem Rohr wachsen.

1 Wenn die Stängel etwa 30 cm lang sind, wird eine Stütze aus biegsamem Rohr eng an den Seiten des Blumentopfes eingesteckt, um die Wurzeln nicht zu beschädigen.

2 Danach wickelt man die Triebe um die Stütze.

2 BLÜHENDE TOPFPFLANZEN

Die hier aufgeführten Zimmerpflanzen sind normalerweise nicht so langlebig, wie die später vorgestellten Arten und Sorten. Viele wachsen nach der Blüte nur schlecht bzw. gar nicht weiter, oder sie sehen nicht mehr besonders hübsch aus, weil sie eine Ruhephase einlegen, um sich auf die nächste Wachstumsperiode vorzubereiten.

Besonders in den letzten Jahren wurden zahlreiche Pflanzen auf den Markt gebracht, die nur für eine relativ kurze Zeit Farbe in die Wohnung bringen, wobei die Auswahl aber mittlerweile so groß geworden ist, dass praktisch das ganze Jahr über blühende Pflanzen das Haus verschönern können. So bilden Alpenveilchen, Primeln und Azaleen ihre Blüten beispielsweise im Winter oder zu Frühjahrsbeginn, während Hahnenkamm und Pantoffelblumen im Sommer blühen. Außerdem gibt es Arten und Sorten, die fast das ganze Jahr über Blüten ansetzen, etwa die beliebten Chrysanthemen. Nach der Blütezeit werden die Pflanzen normalerweise in den Garten gesetzt oder kommen auf den Komposthaufen.

Häufig handelt es sich bei den genannten Pflanzen um Einjährige, die sowieso nur ein Jahr überdauern oder um kurzlebige Stauden. Man findet unter ihnen aber auch eine Reihe mehrjähriger Pflanzen, die unter speziellen Bedingungen kultiviert oder manchmal auch mit besonderen Substanzen behandelt wurden, damit sie zu einer anderen Zeit blühen oder in einer unnatürlichen Zwergform wachsen.

Wenn Sie die Pflanzen reichlich düngen und abgestorbene und welke Blüten regelmäßig entfernen, können Sie die Blütezeit manchmal verlängern. Die meisten Arten und Sorten brauchen im Sommer viel Licht, während sie im Winter etwas dunkler stehen können, aber vor plötzlichen Temperaturschwankungen und Zugluft geschützt werden müssen. Außerdem gilt es zu bedenken, dass viele Winterblüher eine Temperatur benötigen, die etwas unter der normalen Zimmertemperatur liegt.

Links: Topfpflanzen eignen sich hervorragend für stets wechselnde jahreszeitliche Pflanzenarrangements.
Oben: In diesem Wintergarten stehen Blumentöpfe mit Azaleen und Chrysanthemen zwischen Orchideen. Zusätzliche, unbepflanzte Gefäße und die Anordnung in unterschiedlicher Höhe beleben das Arrangement.

Eine gesunde Topfpflanze kann auf einem Tisch oder dem Fensterbrett für einen hübschen Blickfang sorgen, aber auch Farbe in ein Arrangement aus Blattpflanzen und Farnen bringen. In Gartencentern finden Sie zu jeder Jahreszeit ein reichhaltiges Angebot an blühenden Topfpflanzen, aber auch viele Supermärkte bieten heutzutage eine recht ansehnliche Auswahl.

ARTEN UND SORTEN

Achimenes-Hybriden (Schiefteller)

Diese Pflanze, die schon im viktorianischen Zeitalter sehr beliebt war, bringt von Frühjahr bis Herbst unzählige, leicht duftende, trompetenförmige Blüten hervor. Durch Züchtung sind viele farbenprächtige Hybriden entstanden, darunter solche mit panaschierten Blättern. Die Blüten sind purpurrot, bläulich-violett, rot, weiß oder blau. Der Schiefteller braucht viel Licht, verträgt aber keine direkte Sonne. Gießen Sie ihn häufig mit lauwarmem Wasser und düngen Sie einmal pro Woche. Die Vermehrung kann durch Teilung der Rhizome erfolgen oder durch Stammstecklinge im Sommer.

Astilbe arendsii (Prachtspiere)

Obwohl diese Art häufiger im Garten zu finden ist als in einer Wohnung, sieht die Prachtspiere auch als Zimmerpflanze sehr hübsch aus. Ihre Blütenrispen sind normalerweise rosa; einige Sorten haben jedoch auch rote und weiße Blüten.
Im Haus braucht die Prachtspiere einen hellen Platz ohne direktes Sonnenlicht und eine relativ hohe Luftfeuchtigkeit; außerdem muss sie gut gegossen werden. Nach der Blütezeit pflanzt man sie an eine halb schattige, feuchte Stelle im Garten.

Azalea (Azalee)

siehe *Rhododendron*

Begonia (Begonie)

Pflanzen aus dieser großen Gattung werden nicht nur wegen ihrer Blüten gepflegt, sondern in vielen Fällen auch wegen der hübschen Blätter. Viele beliebte Sorten gehören zu den Knollenbegonien-Hybriden *(Begonia* x *tuberhybrida),* die mit ihren wunderschönen, meist gefüllten, rosenähnlichen Blüten ein hübscher Sommerschmuck für jede Wohnung sind. In diese Gruppe gehören auch die Ampelbegonien mit ihren stark überhängenden Trieben, die sich besonders gut für eine Blumenampel eignen. Winterblühende Begonien sind niedrige, immergrüne Pflanzen, die von Spätherbst bis Frühjahrsbeginn viele einfache, halbgefüllte oder gefüllte Blüten hervorbringen. Eine beliebte Sorte ist *B.* x *cheimantha* 'Gloire de Lorraine' mit ihren unzähligen, kleinen rosa Blüten, die im Winter gebildet werden. Begonien brauchen einen hellen Platz ohne direkte

Ganz links: In den letzten Jahren wurden viele farbenprächtige Schiefteller-Hybriden (*Achimenes*) gezüchtet.

Links oben: Die *Calceolaria*-Arten bringen im Frühjahr und Sommer leuchtende Blüten hervor.

Links unten: Einige Zimmerpflanzen, darunter *Cyclamen persicum* halten sich in der Wohnung oft nicht länger als ein Jahr.

Rechts: Hortensien bilden vom späten Frühjahr bis in den Frühsommer herrliche Blüten.

Sonneneinstrahlung und besonders im Frühjahr benötigen sie vergleichsweise hohe Temperaturen. Wichtig ist aber auch, dass die Erde stets gleichmäßig feucht gehalten wird und dass sie in einem leicht sauren Substrat wachsen können.

*Calceolaria***-Hybriden (Pantoffelblume)** Diese zweijährige Pflanze verdankt ihren umgangssprachlichen Namen den ungewöhnlich geformten, ein wenig an einen Schuh erinnernden Blüten. Wählen Sie bei der Anschaffung möglichst ein Exemplar mit vielen Knospen und stellen Sie es an einen hellen, aber kühlen Platz. Die Blüten der Pantoffelblume können gelb, orange oder rot sein. Sie halten sich einen Monat oder manchmal auch etwas länger.

Celosia argentea **var. cristata (Echter Hahnenkamm)** Diese aufrecht wachsende Staude wird gern als Einjährige im Garten angepflanzt, eignet sich aber wegen ihrer hübschen, bunten Blüten auch für die Wohnung. Sie benötigt einen Platz in einem hellen, luftigen Raum mit Zimmertemperatur ohne direkte Sonneneinstrahlung. Gedüngt wird etwa alle 14 Tage.

*Chrysanthemum***-c.v.s. (Chrysantheme)** Topfchrysanthemen sind das ganze Jahr über in Gartencentern erhältlich. Wenn sie nach einem Monat verblüht sind, wirft man sie fort, oder pflanzt sie in den Garten. Chrysanthemen, die oft auch Wucherblumen genannt werden, brauchen viel Licht, vertragen aber keine pralle Sonne. Der beste Platz ist ein relativ kühler Raum; die Erde sollte stets leicht feucht sein.

Cyclamen persicum **(Alpenveilchen)** Diese beliebte Knollenstaude, die häufig auch unter dem Namen *C. latifolium* angeboten wird, hat wunderschön gezeichnete, herzförmige Blätter und rosa, rote oder weiße Blüten. Alpenveilchen bevorzugen einen hellen, vor Zugluft geschützten, mäßig feuchtwarmen Platz und Temperaturen zwischen 13–16° C. Nach der Blüte wird weniger gegossen und während der Ruhezeit überhaupt nicht, sondern erst wieder, wenn die Pflanze zu wachsen beginnt. Gleiches gilt für das Düngen.

Erica **(Heidekraut)** Besonders *E. gracilis* (Glockenheide) und *E. x hiemnalis* sind ausgezeichnete Topfpflanzen für den Winter. Sie müssen allerdings einem kühlen Platz bekommen und mit weichem Wasser gegossen werden. *E. gracilis* bildet zahlreiche kleine, röhrenförmige, rosafarbene oder rötliche Blüten, die von *E.* x *hiemnalis* sind weiß und rosa überlaufen.

Beide Pflanzen brauchen kalkfreies, stets feuchtes Substrat sowie Temperaturen von 4–13° C. Bei Bedarf kann man die Pflanzen zurückschneiden, damit sie eine kompaktere Wuchsform bekommen.

Exacum affine **(Blaues Lieschen)** Diese hübsche, kompakte Art hat herzförmige Blätter und kleine, duftende, bläulich-violette Blüten mit leuchtend gelber Mitte. Sie bevorzugt helles Licht, mag aber keine pralle Sonne oder zu hohe Temperaturen; außerdem müssen die Pflanzen, die eine hohe Luftfeuchtigkeit benötigen, reichlich gegossen werden. Damit das Blaue Lieschen den ganzen Sommer über blüht, müssen welke Blüten regelmäßig entfernt werden. Die Mindesttemperatur beträgt 7–10° C; damit es zu einer reichhaltigen Blüte kommt, sollte etwa alle zehn Tage gedüngt werden.

Hydrangea macrophylla **(Hortensie)** Topf-Hortensien blühen normalerweise vom Frühjahr bis in den Herbst; nach der Blütezeit kann man sie in den Garten setzen und dort weiterwachsen lassen. Die Blütenköpfe sind in der Regel weiß, hellrosa oder blau; das beste Wachstum erzielt man an einem hellen Platz ohne direkte Sonneneinstrahlung und einer Temperatur von höchstens 20°C. Während der Blütezeit wird kräftig gegossen und zudem möglichst einmal pro Woche gedüngt.

Pericallis x hybrida (Aschenblume) Diese farbenprächtigen Pflanzen, die vom Winter bis in den Frühling leuchtend blaue, rosa, rote oder orangefarbene Blüten bilden, sind manchmal auch als *Cineraria cruentus, C.* x *hybrida, Senecio cruentus* und *S.* x *hybridus* im Handel. Ihre Pflege ist nicht ganz einfach. Wichtig ist ein stets feuchtes, aber auch gut durchlässiges Substrat; die möglichst konstante Zimmertemperatur sollte 15°C nicht übersteigen – auch nicht im Sommer; außerdem können Blattläuse bei der Pflege in der Wohnung zu einem Problem werden. Zugluft und Hitze mögen die Pflanzen nicht, ebenso wenig wie direkte Sonne.

Pericallis x *hybrida* blüht normalerweise zwischen Spätwinter und Frühjahr bis zu zwei Monate lang. Düngen Sie die Pflanzen etwa alle 14 Tage und schneiden Sie die Triebe regelmäßig zurück, damit sich neue Knospen bilden können.

Primula (Primel) Von dieser Gattung lassen sich eine Reihe verschiedener Arten auch in der Wohnung pflegen, etwa die Fliederprimel (*P. malacoides*). Bei dieser Art handelt es sich um eine recht zierliche und kurzlebige Pflanze, die im Winter blüht und dann einen lieblichen Duft verbreitet; für eine gute Pflege bedankt sie sich manchmal sogar mit einer zweiten Blüte. Die purpurfarbenen, rosa oder weißen Blütenquirle sitzen an langen, geraden Stängeln; die in Rosetten angeordneten, hellgrünen Blätter sind oval, behaart und am Rand gezähnt. Die roten, rosa, blauen oder weißen Blüten von *P. obconica* (Becherprimel) sind etwas größer als die von *P. malacoides*; ein Kontakt mit den ebenfalls ovalen und gezähnten, aber giftigen Blättern kann bei Menschen mit empfindlicher Haut schmerzhafte Ausschläge hervorrufen, sodass man bei der Pflege dieser Art vorsichtshalber Handschuhe tragen sollte.

Ganz oben: Die Gloxinie (*Sinningia speciosa*) hat charakteristische, hell gesäumte Blütenblätter in kräftigen Farben und große samtige Blätter.

Oben: *Pericallis* x *hybrida* blüht länger, wenn sie regelmäßig gedüngt und mit Wasser besprüht wird.

Oben: Eine einzelne Azalee (*Rhododendron cv.*) bildet auf einem Tisch einen hübschen Blickfang.

Rechts: Auch für die Haltung im Hause gibt es eine Reihe von Primelarten. Die Becherprimel (*Primula obconica*) hat besonders große Blüten und verbreitet zudem einen lieblichen Duft.

P. sinensis (Chinaprimel) besitzt Blütenblätter mit gewelltem Rand. Es gibt sie in verschiedenen Rot- und Orangetönen, aber auch in einem gedämpften Purpurrosa. Primeln brauchen helles Licht ohne direkte Sonne und Temperaturen von 10–13°C. Gießen Sie reichlich und sorgen Sie für eine möglichst hohe Luftfeuchtigkeit. Gedüngt wird alle zwei bis drei Wochen.

Rhododendron (Alpenrose)
Zu dieser großen Gattung gehören nicht nur die bekannten Gartensträucher, sondern auch kleine bis mittelgroße Pflanzen, die zumeist unter dem Namen Azaleen im Handel sind. Ihre oft zahlreichen Blüten sind weiß, gelb, orange, rosa oder rot. Sehr beliebt sind die „Indischen Azaleen", die im Winter große, trichterförmige Blüten bilden.
Azaleen brauchen ein saures, feuchtes Substrat und einen hellen Platz ohne direkte Sonne. Zur Blütezeit sollte die Temperatur 13–16°C nicht übersteigen; außerdem muss in dieser Phase regelmäßig alle zwei Wochen gedüngt werden. Nach der

Blüte kann man sie an einen möglichst kühlen, schattigen Ort ins Freie stellen und sie dann vor dem ersten Frost wieder ins Haus holen.

Sinningia speciosa (Gloxinie)
Gloxinien, von denen in den letzten Jahren immer exotischere Sorten gezüchtet wurden, haben große weiße, rötliche oder violette Blüten;

außerdem gibt es gefleckte Sorten. Die Pflanzen brauchen einen hellen Platz und während der Blüte eine Temperatur von etwa 20–22°C. Stellen Sie die Töpfe am besten in eine mit Kieseln gefüllte Schale, denn besprühen sollte man die Pflanzen nicht. Gedüngt wird während der Wachstumsphase alle 14 Tage.

3 BLÜHENDE ZIMMERPFLANZEN

Eine gut gepflegte Zimmerpflanze, die wir schon mehrere Jahre bei uns im Hause haben und die alljährlich aufs Neue blüht, kann ihren Besitzer ebenso stolz machen wie eine wertvolle Antiquität. Viele der langlebigen Zimmerpflanzen – sie werden in diesem Buch getrennt von den blühenden Topfpflanzen behandelt, die wir uns nur kurzfristig ins Haus holen und oft einfach wegwerfen, wenn sie verblüht sind – können recht groß werden und brauchen dann viel Platz. Geeignete Standorte für solche Arten und Sorten sind beispielsweise eine Diele mit hoher Decke oder auch ein Wintergarten bzw. eine Glasveranda.

Links: Wenn Sie Zimmerpflanzen von ähnlicher Größe oder Form zusammenstellen, kommt ihre Anmut besser zur Geltung.

Rechts: Die Blüten der Goldähre *(Pachystachys lutea)* sind von zahlreichen, leuchtend gelben Hochblättern umgeben.

Rechts unten: Der Weihnachtsstern *(Euphorbia pulcherrima)* – eine der klassischen Winterpflanzen – bekommt zur Blütezeit auffallend gefärbte Hochblätter. Die meisten Weihnachtssterne haben leuchtend rote Hochblätter; es gibt aber auch weiße, rosa und gelbe Sorten.

Eine Pflanze, von der man lange etwas haben möchte, muss man sehr sorgfältig auswählen. Es hat keinen Sinn, sich eine lichthungrige und wärmebedürftige Gewächshauspflanze anzuschaffen, wenn man in einem eher dunklen und kühlen Häuschen wohnt. Ebenso unsinnig ist es, sich eine Schattenpflanze zuzulegen, wenn Ihre Wohnung im fünften Stock liegt und volle Mittagsonne bekommt. Am einfachsten ist es, sich für eine der bewährten Zimmerpflanzen zu entscheiden, aber wer möchte, kann sich natürlich auch eine Rarität bei einem der zahlreichen Spezialisten besorgen.

Kaufen Sie Ihre Pflanzen im Fachhandel. Nehmen Sie gesund aussehende Exemplare, die nicht schon vom Topf eingeengt werden und nach Möglichkeit bereits neue Knospen gebildet haben.

Wenn die Wurzeln den Blumentopf vollkommen ausfüllen, müssen Sie die Pflanze umtopfen. Erledigen Sie das am Ende der Ruheperiode. Besonders Exemplare, die noch jung sind und schnell wachsen, sollten normalerweise jedes Jahr umgetopft werden.

Hat die Pflanze die im Substrat vorhandenen Mineralien aufgebraucht – das ist nach etwa sechs bis acht Wochen der Fall –, benötigt sie während der Wachstumsphase handelsüblichen Dünger.

Richten Sie sich bei der Dosierung genau nach den Angaben des Herstellers, denn zu viel Dünger kann den Pflanzen schaden.

Links: *Anthurium scherzerianum* hat glänzende Blätter und bringt im Frühjahr und Sommer auffallende, rote Blütenstände hervor.
Oben: Wenn die Wurzeln austrocknen, verliert *Aphelandra squarrosa* schnell die prächtigen Blätter.
Rechts: Die Drillingsblume *(Bougainvillea)* ist eine wunderschöne Zimmerpflanze für helle, sonnige Standorte.

ARTEN UND SORTEN

Acalypha hispida (Nesselschön)
Diese beliebte Zimmerpflanze wird wegen ihrer dichten, kätzchenähnlichen Blütenähren, die von Hochsommer bis in den Herbst von den Stängeln herabhängen, auch Katzenschwanz genannt. Die Ähren bestehen aus Hunderten winziger Blüten, die normalerweise purpurrot gefärbt sind; es gibt aber auch Sorten mit beigefarbenen oder grünlichen Blütenähren. Die Pflanze wird etwa 1–1,2 m hoch und erreicht eine Breite von etwa 30–45 cm. Nach Möglichkeit sollte sie einen hellen Platz ohne direkte Sonneneinstrahlung bekommen; im Winter darf die Temperatur nicht unter 15˚C fallen. Im Sommer gießt man großzügig, während man das Substrat im Winter nur gerade feucht hält. Gedüngt wird von Frühjahr bis Herbst alle 10–14 Tage.

Aeschynanthus radicans (Schamblume)
Diese kriechende Staude ist auch unter den Namen *A. lobbianus* und *A. radicans* var. *lobbianus* bekannt. Sie hat zahlreiche kleine, fleischige Blätter und endständige Büschel röhrenförmiger, roter Blüten mit beigefarbenem Schlund; die Stängel werden 45–60 cm lang. Die Art eignet sich hervorragend für eine Blumenampel auf einer Glasveranda oder in einem Wintergarten. Sie braucht im Sommer viel Wärme und Licht, sollte aber dennoch nicht in der prallen Sonne stehen. Im Winter benötigt die Schamblume eine niedrigere Temperatur, die allerdings nicht unter 13˚C fallen sollte. Gießen Sie mit lauwarmem Wasser – im Sommer großzügig, im Winter etwas sparsamer –

und düngen Sie den ganzen Sommer über etwa einmal pro Monat.

Allamanda A. cathartica (Goldtrompete) ist eine kräftige Schlingpflanze mit glänzenden dunkelgrünen Blättern, die im Sommer und Herbst große gelbe Blüten bildet und unbedingt eine Kletterhilfe bekommen sollte. *A. schottii* (syn. *A. nerifolia*) wächst strauchig und trägt von Frühjahr bis Herbst goldgelbe Blüten. Beide Arten brauchen viel Licht; im Winter darf die Temperatur nicht unter 18˚C fallen. Gießen Sie während der Wachstumsphase großzügig, im Winter etwas weniger. Gedüngt wird alle 2–3 Wochen.

Anthurium (Flamingoblume)
A. scherzerianum (Kleine Flamingoblume) bildet von Frühjahr bis Herbst große, rote Blütenscheiden mit aus winzigen Blüten zusammengesetzten, gedrehten Kolben. Die Art be-

sitzt eine kompakte Wuchsform, wird bis zu 30 cm hoch und bildet hübsche, längliche Blätter. Ähnlich, aber größer, nämlich bis zu 45 cm hoch, ist *A. andreanum* (Große Flamingoblume), die ebenfalls rote Blütenscheiden, aber einen geraden Blütenkolben besitzt. Außerdem existieren Sorten mit rosa, gelben und orangefarbenen Blütenscheiden. Flamingoblumen müssen hell stehen, vertragen aber keine direkte Sonne; im Winter darf die Temperatur nicht unter 15–18°C fallen.

Aphelandra squarrosa (Glanzkölbchen)

Diese kompakte Staude wird hauptsächlich wegen der dunkelgrünen, hübsch gezeichneten Blätter und der ananasähnlichen Blütenstände mit den auffälligen, gelben Hochblättern gepflegt. Die Sorte 'Louisae' hat ausgeprägte weiße Blattadern und Mittelrippen; die goldgelben Blütenstände sind rot gestreift. Die Pflanzen werden etwa 75 cm hoch und 40 cm breit. Sie brauchen einen hellen Platz ohne direkte Sonne; im Winter darf die Temperatur nicht unter 12–15°C fal-

len. Gießen Sie im Sommer reichlich, im Winter dagegen mäßig und düngen Sie ungefähr alle 10–14 Tage. Entfernen Sie die welken Blüten und schneiden Sie die Pflanze regelmäßig, damit sie ihren buschigen Wuchs behält.

Begonia (Begonie)

Neben den zahlreichen, bereits erwähnten Knollenbegonien, die hauptsächlich wegen ihrer hübschen Blüten gepflegt werden, gehören zu dieser Gattung noch viele andere ansprechende Zimmerpflanzen. Ein Beispiel ist *B. scharffii* (syn. *B. haageana*), eine Strauchbegonie mit großen, immergrünen, metallisch glänzenden Blättern, die die Pflanze das ganze Jahr über interessant aussehen lassen. Aber auch die blassrosa Sommerblüten sind sehr ansprechend. *B. scharffii* wird bis zu 1,2 m hoch und 60 cm breit. Die Metallblatt-Begonie *(B. metallica)* hat bronzefarbene, silbrig behaarte Blätter mit dunkelgrünen Adern, und hübsche weiße Blüten, die im Spätsommer gebildet werden. Die Art wird etwa 1 m hoch und 60 cm breit. Beide Pflanzen benötigen einen hel-

len Platz, der im Winter auch gelegentlich direktes Sonnenlicht abbekommen darf. Die Temperaturen sollten in dieser Jahreszeit 13–15°C nicht unterschreiten. Im Sommer dürfen Begonien nicht zu warm stehen; außerdem sollte man für eine möglichst hohe Luftfeuchtigkeit sorgen. Gegossen werden die Pflanzen im Sommer mäßig, im Winter noch sparsamer; gedüngt wird im Sommer alle 14 Tage. Im Winter werfen Begonien oft ein Teil der Blätter ab, die nach dem Umpflanzen im Frühjahr aber wieder ersetzt werden.

Bougainvillea glabra

Eine junge *Bougainvillea* (Drillingsblume) kommt besonders auf einem sonnigen Fensterbrett wunderbar zur Geltung. Da es sich um eine Kletterpflanze handelt, braucht sie dort allerdings ausreichend Platz zum Wachsen, sodass es am zweckmäßigsten ist, sie an einem Spalier oder einer anderen Kletterhilfe hochzuziehen. Die dünnen, purpurroten „Blüten", bei denen es sich eigentlich um Hochblätter handelt, werden den ganzen Sommer über gebildet. Drillingsblumen brauchen das ganze

Links: Korbmaranten werden wegen ihrer hübschen Blätter und Blüten gepflegt.
Rechts: *Columnea hirta* bildet kräftige Ranken und zahlreiche, orangerote Blüten.
Rechts unten: Die runzlig-rauhaarigen Blätter von *Episcia cupreata* haben eine hübsche bronzefarbene Zeichnung. Die kleinen, roten Blüten mit der gelben Mitte sitzen zwischen den Blättern.

ihrem kriechenden Wuchs eignet sie sich hervorragend für hohe Töpfe, Blumenständer oder Ampeln. Wichtig sind helles Licht ohne direkte Sonne und Wärme; Hitze verträgt die Pflanze nicht. Im Sommer sollte die Temperatur bei etwa 15–19˚C liegen, im Winter bei 4–10˚C. Halten Sie die Erde feucht und düngen Sie im Sommer alle 7–10 Tage. Nach der Blütezeit werden die Stängel zurückgeschnitten; anschließend sollte die Pflanze ruhen.

Cestrum nocturnum (Hammerstrauch)

Diese Art erinnert ein wenig an einen Jasmin und sie besitzt auch einen ähnlich kräftigen und herrlichen Duft. Junge Pflanzen eignen sich hervorragend für ein helles Wohnzimmer, später brauchen die bis zu 3 m hohen Sträucher dann eher einen Wintergarten oder einen anderen hellen Standort mit viel Platz, aber ohne direkte Sommersonne. Die Triebe lässt man am besten an Bambusstäben oder einem Rankgitter hochwinden. Im Winter benötigt der Hammerstrauch eine Mindesttemperatur von 7˚C; gegossen wird im Sommer reichlich, im Winter mäßig.

Columnea (Rachenrebe)

Zu dieser Gattung gehören mehrere kriechende oder rankende, für eine Glasveranda oder einen Wintergarten geeignete Pflanzen, die oft den ganzen Winter über blühen. *C. microphylla* hat bis zu 1,8 m lange, herabhängende Triebe, leuchtend scharlachrote Blüten und behaarte

Jahr über viel Licht, und im Sommer ausreichend hohe Temperaturen; im Winter hält man sie bei etwa 7–12˚C. Im Sommer wird sparsam gegossen, im Winter hält man das Substrat fast trocken.

Brunfelsia pauciflora (Brunfelsie)

Dieser immergrüne Strauch wurde früher *B. calycina* (syn. *B. eximia*) genannt. Er hat hübsche, lila Blüten, deren Farbe mit zunehmendem Alter aber verblasst. Die Art, die den ganzen Sommer über blüht, wird bis zu 60 cm hoch und 30 cm breit. Sie benötigt helles Licht ohne direkte Sonne; im Sommer sollte sie warm stehen, aber nicht über 21˚C, während des Winters ist eine konstante Temperatur von 10–13˚C empfehlenswert. Gegossen wird reichlich; außerdem sollten im Sommer die Blätter regelmäßig besprüht werden.

Calathea crocata (Korbmarante)

Die meisten Angehörigen dieser Gattung werden wegen ihrer hübschen Blätter gepflegt (siehe S. 47), doch die hier vorgestellte Art bildet außerdem gelbe, orchideenähnliche Blüten, die an aufrechten Stängeln über den Blättern sitzen. Die Pflanzen werden etwa 30 cm hoch und 23 cm breit; sie brauchen helles Licht ohne direkte Sonne und eine hohe Luftfeuchtigkeit. Die Temperatur sollte das ganze Jahr über bei 15–21˚C liegen; wichtig ist außerdem, dass die Pflanzen keine Zugluft abbekommen.

Campanula isophylla (Glockenblume)

Diese kleine Pflanze, die nur etwa 15 cm hoch und 30–45 cm breit wird, bringt den ganzen Sommer über hübsche, hellblaue oder weiße, glockenförmige Blüten hervor. Mit

Blätter. Die Blüten von *C.* x *banksii* sind ebenfalls rötlich, haben aber orangefarbene Flecken; die dunkelgrünen Blätter sind glänzend und die Triebe werden nur etwa 1 m lang. Die Stängel von *C. gloriosa* (Goldfischpflanze) werden etwa 1,2 m lang; die scharlachroten Blüten haben einen gelben Fleck; die blassgrünen Blätter sind behaart. *C. gloriosa* 'Purpurea' besitzt purpurrote Blätter; die kleine *C. hirta* bildet kräftige kriechende Stängel und im Frühjahr zahlreiche, orangerote Blüten. Stellen Sie die Rachenrebe an einen hellen Platz, aber nicht in die pralle Sonne. Im Winter benötigt die Pflanze etwa 16˚C; Temperaturen von unter 13˚C sollten unbedingt vermieden werden.

Cuphea ignea (**Köcherblümchen**)
Dieser kompakte Strauch, der früher auch unter dem Namen *C. platycentra* im Handel war, bildet von Frühjahr bis Winteranfang – manchmal auch bis in den Winter hinein – lange, röhrenförmige, leuchtend rote Blüten mit purpurroten oder aschgrauen Spitzen. *C. ignea* 'Alba' hat weiße Blüten, 'Variegata' besitzt hübsche, gelb gefleckte Blätter. Köcherblümchen brauchen helles Licht, müssen aber im Sommer vor direkter Sonne geschützt werden; während der Ruhezeit im Winter benötigen sie eine Temperatur von etwa 10–13˚C. In warmen Sommern können Sie Pflanzen auch ins Freie stellen, allerdings nur, wenn Sie dort eine hohe Luftfeuchtigkeit garantieren können. Gießen Sie im Frühjahr und Sommer reichlich und düngen Sie etwa alle zwei Wochen.

Episcia (**Schattenröhre**)
Die Schattenröhre, eine nahe Verwandte des Usambaraveilchens *(Saintpaulia)* wird vor allem wegen ihrer hübschen Blätter gepflegt. Die variable *E. cupreata* hat flammend rote Blüten und runzlig-rauhaarige Blätter; *E. dianthiflora* (syn. *Alsobia dianthiflora*) besitzt eiförmige, samthaarige Blätter und weiße Blütenblätter mit einem geschlitzten Saum, die ein wenig an Nelken *(Dianthus)* erinnern. Beide Arten werden nur etwa 8 cm hoch, bilden aber kriechende Triebe oder Ausläufer, die bis zu 30 cm lang werden können und aus denen sich neue Pflanzen ziehen lassen. Stellen Sie die Schattenröhre an

einen hellen Platz, aber nicht in die pralle Sonne; im Winter brauchen die Pflanzen mindestens 13°C.

Euphorbia

Zu dieser großen Gattung gehören sowohl Garten- als auch Zimmerpflanzen. *E. milii* (Christusdorn) ist eine hübsche Art, die hauptsächlich wegen ihrer auffälligen roten, gelben oder weißen, kronblattähnlichen Hochblätter gepflegt wird, die die winzigen Blüten umgeben. Die halb sukkulente Pflanze, die auffällige Dornen besitzt, kann etwa 1 m hoch werden. Sie ist sehr anspruchslos, solange sie einen hellen, sonnigen Platz bekommt, an dem sie im Sommer aber vor der Mittagssonne geschützt sein sollte.

Der Weihnachtsstern *(E. pulcherrima)* wird besonders zur Weihnachtszeit angeboten, denn seine leuchtend roten Hochblätter bieten im Winter einen hübschen Blickfang für die Wohnung. Zumeist pflegt man die Art wie eine einjährige Pflanze, wirft sie also im Frühjahr fort, was aber nicht unbedingt sein muss, weil sie eigentlich nur eine Ruhezeit benötigt. Während dieser Zeit sollte man sie an einen kühlen, schattigen Ort stellen und im Sommer muss der Weihnachtsstern sogar zwei Monate lang den halben Tag im Dunkeln stehen.

Gardenia augusta (Gardenie)

Dieser Strauch, der auch als *G. florida, G. grandiflora* und *G. jasminoides* bekannt ist, bildet von Sommer bis Herbst wunderschöne, duftende Blüten. In der Natur kann die Art eine Höhe von bis zu 12 m erreichen, als Zimmerpflanzen werden sie höchs-

tens 60 cm groß. Geben Sie Ihrer Gardenie einen warmen, halb schattigen Platz und gießen Sie im Sommer reichlich mit weichem Wasser. Gedüngt wird einmal pro Monat; im Winter ist eine Mindesttemperatur von etwa 10°C erforderlich.

Hibiscus rosa-sinensis (Hibiskus, Eibisch)

Auch diese Pflanze eignet sich gut für sonnige Standorte. Am häufigsten findet man Exemplare mit rosafarbenen oder rötlichen Blüten, es gibt aber auch gelbe, orangefarbene oder weiße Sorten. 'Cooperi' hat hübsche, panaschierte Blätter, 'Tivoli' und 'Royal Orange' bilden orangefarbene Blüten. Die großen Blüten des Hibiskus verwelken leider schnell, doch glücklicherweise erscheinen den ganzen Sommer über neue Knospen. Ein gut gepflegtes Exemplar kann viele Jahre alt und bis zu 1,5 m hoch werden, sofern die Pflanze nicht zurückgeschnitten wird. Damit zahlreiche Blüten gebildet werden, sollten Sie Ihren Hibiskus das ganze Jahr über an einen hellen Platz mit möglichst konstanter Temperatur von mindestens 18°C stellen. Gießen Sie die Pflanzen großzügig und düngen Sie während der Blütezeit einmal wöchentlich. Soll Ihr Hibiskus im Winter eine Ruhezeit bekommen, dürfen Sie nur wenig Wasser geben und keinerlei Dünger. Außerdem benötigen sie einen Platz mit etwa 10–15°C.

Hoya (Wachsblume)

Die exotisch aussehende und duftende, aber dennoch recht pflegeleichte Art *H. carnosa* (Fleischige Wachsblume) bildet kleine wachs-

artige Blüten. Ihre verholzenden Stängel können bis zu 4,5 m lang werden und müssen daher an Spalieren oder Drahtgestellen gezogen werden. Geben Sie der Pflanze einen hellen Platz, an dem sie im Sommer allerdings vor zu starker Sonne geschützt werden muss. Eine weitere beliebte Art ist die Zwergwachsblume (*H. lanceolata* susp. *bella*; syn. *bella*). Sie wird etwa 45 cm hoch und eignet sich hervorragend für Ampeln. Im Winter braucht sie mehr Wärme (13°C) als *H. carnosa*.

Ixora coccinea (Dschungelgeranie)

Diese ungewöhnliche, immergrüne Pflanze, die in einem Jahr bis zu 38 cm hoch werden kann, braucht vergleichsweise viel Pflege. Sie benötigt einen Platz in lichtem Schatten; außerdem muss sie regelmäßig mit lauwarmem, abgekochtem Wasser besprüht werden. Die großen Blütenköpfe bestehen aus zahlreichen kleinen roten, weißen, gelben oder rosa Blüten. Nach der Blütezeit sollte die Pflanze eine zweimonatige Ruhezeit bekommen, während der nur wenig gegossen wird.

Jasminum polyanthum (Zimmerjasmin)

Der Zimmerjasmin bildet rosa Knospen und zahlreiche weiße, duftende Blüten. Es handelt sich um eine relativ pflegeleichte Kletterpflanze, die im Winter blüht und bis zu 3 m hoch werden kann. Damit sie nicht zu ausufernd wächst, sollte man ihre Triebe an einem Drahtring befestigen. Außerdem empfiehlt es sich, sie nach der Blüte zurückzuschneiden. Am besten gedeiht der Zimmerjas-

Ganz links: Beim Christusdorn *(Euphorbia milii)* sind
die kleinen gelben Blüten
von großen wachsartigen
Hochblättern umgeben.
Links: Die weiß-rosa Blüten
des Zimmerhopfens *(Justicia
brandegeeana)* ragen
zwischen sich überlappen-
den Deckblättern heraus.
Bei richtiger Pflege bildet die
Pflanze vom Frühjahr bis in
den Herbst zahlreiche Blüten.
Rechts: Die robuste, aus
Nordafrika stammende
Passiflora incarnata bildet
im Sommer wunderschön
duftende Blüten.

min in hellen, kühlen Räumen, mit
einer Wintertemperatur von 7–10°C.

Justicia brandegeeana (Zimmerhopfen)

Diese immergrüne Staude war früher
auch unter dem Namen *Beloperone
guttata* (syn. *Drejerella guttata, J.
guttata*) bekannt. Auffällig sind die
großen, farbigen Deckblätter, die
wie kleine Krebse aussehen, sodass
man die Art auch Garnelenblume
nennt. Der Zimmerhopfen, der etwa
30–40 cm hoch und breit wird, ist
vergleichsweise pflegeleicht, vorausgesetzt, er bekommt einen Platz auf
einem hellen Fensterbrett, wo man
ihn im Sommer allerdings vor zu
starker Sonneneinstrahlung schützen
muss. Im Winter werden Temperaturen von 10–16°C bevorzugt, aber
selbst 7°C schaden der Pflanze normalerweise nicht. Im Sommer wird
reichlich, im Winter nur wenig gegossen.

Mandevilla (Dipladenie)

M. sanderi 'Rosea' (syn. *Dipladenia
sanderi* 'Rosea') ist eine wunderschöne und vielseitige Pflanze. Sie
bildet den ganzen Sommer über eine
Fülle großer, rosafarbener Blüten –
sofern man sie unter feuchtwarmen
Bedingungen wachsen lässt. Man
kann die Art, die bis zu 4,5 m lange
Triebe bildet, als Kletterpflanze ziehen oder auch zu einem Strauch
zurechtstutzen. *M. laxa* (syn. *Dipladenia laxa, M. suaveolens*) hat
weiße, stark duftende Blüten. Beide

Arten brauchen viel Licht, sollten
jedoch vor praller Sonne geschützt
werden; die möglichst konstante
Temperatur sollte im Sommer etwa
21°C betragen, im Winter 15°C.
Gießen Sie die Pflanze im Sommer
reichlich, im Winter wenig und
düngen Sie blühende Pflanzen einmal pro Woche.

Manettia luteorubra (Manettie)

Diese anspruchslose, hübsche Pflanze, die früher *M. bicolor* oder *M. in-
flata* hieß, blüht bei Zimmertemperatur fast das ganze Jahr über. Die
roten, röhrenförmigen Blüten mit
gelber Spitze sitzen zwischen den
glänzenden, dunkelgrünen Blättern;
die schnell wachsenden Triebe können bis zu 3 m lang werden. Stellen
Sie die Pflanze an einen hellen Platz
und lassen Sie die Temperatur im
Winter nicht unter 7°C absinken.
Halten Sie die Erde stets feucht und
gießen Sie im Frühjahr und Sommer
etwas großzügiger. Empfehlenswert
ist es, die Manettie an einem Kletter-
gestell wachsen zu lassen und die
neuen Triebe frühzeitig anzubinden.

Pachystachys lutea (Goldähre)

Diese recht vielseitige Pflanze wird
etwa 50 cm hoch. Von Frühjahr bis
Herbst bildet sie leuchtend gelbe
Blütenähren, die aus überlappenden
Hochblättern und kleinen weißen
Blüten bestehen. Die Art braucht viel
Licht, mag aber keine direkte Sonne;
im Winter sollte die Mindesttempera-
tur 13°C nicht unterschreiten.

Gießen Sie während der Blütezeit
reichlich, im Winter eher sparsam;
besonders bei warmem Wetter
benötigt die Pflanze außerdem eine
hohe Luftfeuchtigkeit. Topfen Sie
jedes Frühjahr um und schneiden
Sie regelmäßig zurück.

Passiflora caerulea (Passionsblume)

Bei dieser hübschen Kletterpflanze
entwickeln sich aus den großen,
recht ungewöhnlich aussehenden
Blüten häufig sogar orangefarbene
Früchte. Manchmal werden Passi-
onsblumen auch an geschützten
Stellen im Garten angepflanzt, aber
in den meisten Gegenden sind sie
nicht winterhart. Im Haus sollte die
Pflanze einen hellen Platz bekommen; im Winter ist eine Ruhephase
bei etwa 10°C erforderlich. Während
der Blütezeit wird die Passionsblume
großzügig gegossen, im Winter hält
man die Erde gerade noch feucht.
Gedüngt wird während der Wachstumsperiode alle zwei Wochen; bei
Überdüngung bildet die *Passiflora*
normalerweise mehr Blätter als
Blüten.

Pelargonium (Geranie)

Die hier vorgestellten Pflanzen sollten eigentlich Pelargonien genannt
werden. Allerdings ist nach wie vor
der alte Name Geranie gebräuchlich
und auch im Handel findet man die
Pflanzen zumeist noch unter dieser
Bezeichnung. Es gibt drei Hauptgruppen: Zonalpelargonien, mit einer

Links: *Pelargonium* 'Parasol'
ist eine typische Edel-
pelargonie mit zahlreichen
weißlich bis rosafarbenen
Blütenblättern und einem
dunkelroten Streifenmuster.

typischen bräunlichen Zone auf den
Blättern, die zumeist strauchig wachsenden Edelpelargonien mit großen,
auffälligen Blüten und gezähnten
Blättern sowie die Efeupelargonien,
die an Efeu erinnernde, ziemlich fleischige Blätter besitzen. Wenn Sie die
Geranien an einen sonnigen Standort
stellen und sie den Winter über eini-
germaßen warm halten, blühen die
Pflanzen oft das ganze Jahr über;
man kann ihnen im Winter aber auch
eine Ruhephase unter kühleren Bedingungen einräumen. Die zu den
Efeupelargonien gehörende *P. pel-
tatum* hat glänzende, efeuähnliche
Blätter. Da sie bis zu 1 m lange,
herabhängende Triebe bildet, eignet
sie sich hervorragend für eine Blumenampel, beispielsweise in einem
hellen Treppenhaus. Viele Pelargonien, besonders Zonalpelargonien
und Edelpelargonien, brauchen viel
Sonne; im Winter sollte die Temperatur nicht unter 7–10° C fallen. Gegossen wird relativ großzügig; während
der Blütezeit düngt man alle zwei
bis drei Wochen. Befinden sich die
Pflanzen in der Ruhephase, sollte die
Erde gerade noch feucht gehalten
werden. Strauchige Geranien können
bis zu 60 cm hoch werden, benötigen also ausreichend Platz.

Plumbago auriculata (Bleiwurz)
Diese Pflanze, die früher *P. capensis*
hieß, bildet trotz ihres wenig anspre-
chenden Namens sehr hübsche
blaue Blüten. Am zweckmäßigsten
ist es, die langen Triebe an einem
Spalier oder einer anderen Kletterhilfe zu ziehen. Wie *Passiflora caerulea*
ist auch diese Art ziemlich robust,

braucht im Winter aber eine kühlere
Ruhephase. Stellen Sie die Bleiwurz
an einen hellen Platz ohne direkte
Mittagssonne und lassen Sie die
Temperatur im Winter nicht unter
7–10° C absinken. Gießen Sie während der Blütezeit reichlich, im Winter sparsam.

Saintpaulia cvs.
(Usambaraveilchen)
Usambaraveilchen gehören zu den
beliebtesten Zimmerpflanzen. Zu
verdanken ist das der Leichtigkeit,
mit der sich aus den samtigen Blättern neue Pflanzen ziehen lassen.
Normalerweise werden Usambaraveilchen 8–10 cm hoch und
15–23 cm breit; allerdings tauchen
in letzter Zeit vermehrt kleinere Sorten und sogar Miniaturformen auf.
Besonders hübsch wirken Usambaraveilchen, wenn man sie als Gruppe
pflanzt. Gleichzeitig bleibt so die
Luftfeuchtigkeit hoch – und das ist
auch unbedingt nötig, ebenso wie
saures Substrat und regelmäßiges
Düngen. Stellen Sie Ihre Usambaraveilchen an einen möglichst hellen
Platz, aber keinesfalls in die pralle
Sonne und sorgen Sie das ganze
Jahr über für eine gleichmäßige
Temperatur von mindestens 16° C.

Spathiphyllum wallisii
(Blattfahne)
Diese elegante, Rhizome bildende
Pflanze hat lange dunkelgrüne Blätter und große „Blüten", die aus
einem weißen fahnenartigen Hochblatt und einem beigefarbenen Blütenkolben bestehen, dessen kleine
Blüten ab dem späten Frühjahr den
ganzen Sommer hindurch gebildet

werden. Blattfahnen benötigen ausreichend Wärme – im Winter mindestens 10° C – und eine hohe Luftfeuchtigkeit. Im Sommer sollten sie vor der
prallen Sonne geschützt werden, im
Winter brauchen sie einen hellen
Standort. Gedüngt wird das ganze
Jahr über alle zehn Tage, im Winter
allerdings mit halber Dosis.

Stephanotis floribunda
(Kranzschlinge)
Diese attraktive Pflanze hieß früher
S. jasminoides. Sie hat glänzende
lederartige Blätter und bildet vom
Frühsommer bis in den Herbst hinein
stark duftende, wachsartige Blüten.
Es handelt sich um eine Kletterpflanze mit bis zu 3 m langen Trieben,
sodass man sie an einem Spalier
hochziehen sollte. Außerdem benötigt sie einen hellen Platz, an dem
sie im Sommer aber vor der prallen
Sonne geschützt ist; im Winter
braucht sie dagegen volles Licht.
Sorgen Sie für eine konstante Temperatur von 18–21° C im Sommer; im
Winter darf sie nicht kälter als 13° C
stehen. Gießen Sie die Pflanzen
während der Blütezeit reichlich und
achten Sie auf eine hohe Luftfeuchtigkeit. Düngen Sie alle zwei Wochen.

Streptocarpus cvs. (Drehfrucht)
Von dieser Pflanze gibt es viele
farbenprächtige Sorten, darunter
Pflanzen mit weißen, rosafarbenen,
bläulich violetten, blauen oder purpurroten Blüten. Diese sind glocken-
bis trichterförmig und sitzen an langen aufrechten Stängeln, die einer
bodenständigen Rosette aus rundlichen Blättern entspringen. Sorgen
Sie für einen warmen halb schattigen
Platz; achten Sie im Winter auf eine
konstante Temperatur von 10–13° C.
Wässern Sie die Drehfrucht im
Sommer reichlich und stellen Sie
sie in einen Untersetzer mit feuchten
Kieselsteinen, um die Luftfeuchtigkeit zu erhöhen (gießen Sie im Winter weniger und besprühen Sie die
Pflanze nicht).

FLEISCH FRESSENDE PFLANZEN

Fleisch fressende Pflanzen (Insektivoren) lassen sich in drei Hauptgruppen unterteilen: Pflanzen mit Grubenfallen, Pflanzen mit Klebfallen und Pflanzen mit Klappfallen. Viele der interessanten Arten und Sorten brauchen eine sehr hohe Luftfeuchtigkeit und sind daher in der Wohnung nicht ganz leicht zu pflegen. Um die gefangenen Insekten verdauen zu können, scheiden Insektivoren normalerweise spezielle Enzyme, um dann die frei gewordenen Nährstoffe aufzunehmen. Größere Arten erbeuten manchmal sogar Frösche oder Mäuse.

ARTEN UND SORTEN

Darlingtonia californica (Kobralilie)

Die Kannenfallen dieser mehrjährigen Pflanze erinnern einen wenig an aus dem Gras herausschauende Schlangenhälse. Ihr Nektar lockt Insekten an, von denen dann häufig einige in die grünlich gelben „Kannen" fallen. Die Pflanze braucht einen hellen Platz und im Winter kühlere Temperaturen von etwa 7–10˚C. Wichtig ist außerdem eine hohe Luftfeuchtigkeit und vor allem im Sommer muss reichlich gegossen werden.

Dionaea muscipula (Venusfliegenfalle)

Diese Art wird am besten unter Glas gehalten. Ihre gelblich grünen Blätter bilden eine Rosette; die Falle besteht aus zwei Klappen, die durch eine Art Scharnier miteinander verbunden sind. Am Rand eines jeden Blattes sitzen zahlreiche Sperrborsten; außerdem gibt es einige Auslöseborsten, die – wenn sie von einem Insekt berührt werden – einen Schließmechanismus auslösen. Die Pflanzen, die etwa 45 cm hoch und 15 cm breit werden, brauchen einen hellen Platz und ein feuchtes Substrat.

Drosera (Sonnentau)

Diese Gattung umfasst zahlreiche Arten, von denen aber nur wenige im Handel sind. *D. binata* hat lang gestielte Blätter mit einer tief gespaltenen Blattspreite, auf der zahlreiche, rötliche Drüsenhärchen sitzen. Diese sondern eine wie Nektar aussehende, klebrige Flüssigkeit ab, die Insekten anlockt. Der Kap-Sonnentau (*D. capensis*) wird etwa 30 cm hoch und 15 cm breit. Seine spatelförmigen Blätter sind mit roten oder grünen Härchen bedeckt. Setzen

Sie Ihre Sonnentaupflanzen in eine Mischung aus gleichen Teilen Sand und Torf oder Torfersatz und sorgen Sie für einen hellen Platz ohne direkte Sonne sowie eine Mindesttemperatur von 2˚C.

Nepenthes x *coccinea* (Kannenpflanze)

Diese Hybride besitzt rankende Blattstiele und zu „Kannen" umgewandelte Blätter. Die gelb-grünen, purpurrot gefleckten Kannen können bis zu 15 cm hoch werden; die Pflanze selbst erreicht manchmal eine Länge von bis 6 m, bleibt in der Wohnung aber normalerweise deutlich kleiner. Kannenpflanzen eignen sich gut für Blumenampeln, die man an einen halb schattigen Platz ohne direkte Sonneneinstrahlung hängt. Tagsüber brauchen sie eine Mindesttemperatur von 24˚C; im Winter gelten etwa 15˚C als unterste Grenze.

Oben: Die Kannen der Weißen Schlauchpflanze (*Sarracenia leucophylla*) haben purpurrote Adern und einen hübschen Deckel mit gewelltem Rand. Die Art kann bis 75 cm hoch werden.

Sarracenia (Schlauchpflanze)

Einige Arten dieser Gattung wachsen sogar auf dem Fensterbrett. *S. purpurea* (Rote Schlauchpflanze) hat rötliche oder grüne, mit purpurfarbenen Adern überlaufene Kannen; *S. flava* (Gelbe Schlauchpflanze) besitzt schmale, trompetenförmige Kannen, die bis zu 1 m lang werden können, in der Wohnung jedoch zumeist deutlich kleiner bleiben. Die bis zu 75 cm lange Kannen von *S.* x *catesbaei* sind grün oder violett.

4 BLATTPFLANZEN

Das Fundament einer Zimmerpflanzensammlung bilden oft Arten und Sorten, die besonders wegen ihrer Blätter gepflegt werden. Der Grund dafür ist, dass viele Blattpflanzen sehr anspruchslos und langlebig sind und zu einer beachtlichen Größe heranwachsen können; außerdem haben sie häufig eine besonders hübsche Form, sodass sie sich schnell einen festen Platz im Haus erobern.

Ältere Exemplare großer Blattpflanzen, etwa die beliebten
Ficus elastica (Gummibaum) oder
Ficus benjamina (Birkenfeige),
kommen als Einzelpflanze in einem hübschen Kübel auf dem
Fußboden am besten zur Geltung. Kleinere, aber nicht weniger auffällige Blattpflanzen, etwa
die anpassungsfähige Zimmer-
tanne *(Araucaria heterophylla)*,
eignen sich dagegen hervorragend als Solitärpflanzen für
Tische, Anrichten, Kommoden
und für ein breites Fensterbrett
oder Regal.

Kriechende oder hängende
Blattpflanzen lassen sich dagegen in Blumenampeln gut zur
Geltung bringen oder in Töpfen
auf einem Schrank. Und fast
jede grünblättrige Art oder Sorte
eignet sich zudem als Hintergrund für Blütenpflanzen. Ein geeigneter Platz für Blattpflanzen
lässt sich in fast jedem Raum
finden; besonders gut geeignet
sind aber Dielen und Treppen-
häuser, in denen die Decke
häufig sehr hoch ist.

Seit langem bewährte Blattpflanzen wie *Monstera deliciosa*
(Fensterblatt), *Ficus benjamina*,
Schefflera elegantissima (Strah-
lenaralie) oder *Yucca* (Palmlilie)
und die verschiedenen echten
Palmen können weit über 1 m
groß werden. Sie wachsen
zwar häufig sehr langsam, aber
irgendwann brauchen sie dann
doch einen Raum mit hoher
Decke, beispielsweise eine ge-
räumige Eingangshalle.

Genau wie kleinere Pflanzen,
kommen auch junge Exemplare
großer Blattpflanzen sehr gut in
Gruppen zur Geltung, denn ihre
unterschiedlichen Blattformen
bilden reizvolle Kontraste. Für
ein solches Arrangement eignet
sich ein erhöht stehender Trog
sehr gut, denn er sorgt für die
Höhe, die die Pflanzen in diesem
Lebensabschnitt noch benötigen.

Links: Dieffenbachien
werden vor allem wegen
ihrer attraktiven gezeichneten Blätter gepflegt.
Unten: Die Grünlilie *(Chlorophytum comosum),* in
den 70er Jahren eine sehr
beliebte Pflanze, wird heute
wieder modern.

HÄNGEPFLANZEN

Blattpflanzen mit ihren herabhängenden Trieben kommen in
einer Blumenampel besonders
gut zur Geltung. Aber auch aus
Blumentöpfen, die beispielsweise
auf einem hohen Regal stehen,
fallen ihre langen Triebe dekorativ herab. Bei einem Fenster
mit wenig schöner Aussicht,
etwa in einen Hinterhof, kann
man ein Regal oben am Fenster
anbringen und darauf Hängepflanzen stellen. Ihr grünes Laub
fällt dann vor der Scheibe herab

und verdeckt so – zumindest teilweise – den hässlichen Ausblick.
Hängepflanzen können aber
auch auf Mauerkonsolen stehen
oder auf einem hohen Fensterbrett, um die nackte Wand unter
dem Fenster zu kaschieren.
Kleinere Hängepflanzen lassen
sich außerdem recht gut dazu
verwenden, Lücken in Pflanzenarrangements auszufüllen. Mit
etwas Geschick kann man sie
dabei so platzieren, dass sie
zusätzlich noch dekorativ über

die Ränder des Topfes oder
Kübels fallen.

Auf diese Weise lassen sich
auch problemlos das Stammende und der Kübelrand großer
Einzelpflanzen verbergen.

Hängepflanzen mit gedrehten
Stängeln kommen in einem Topf,
der auf einem hohen Sockel
steht, ganz fantastisch zur Geltung. Hängekörbe aus Draht
sollten Sie mit einer Plastikfolie
auslegen, damit kein Gießwasser
ausläuft.

Sofern nicht anders angegeben, gedeihen alle im Folgenden
aufgeführten Pflanzen bei Zimmertemperatur.

ARTEN UND SORTEN

Asparagus (Zierspargel)

Pflanzen dieser Gattung werden manchmal mit Farnen verwechselt. Tatsächlich handelt es sich aber um ganz normale, immergrüne oder auch sommergrüne Stauden, Kletterpflanzen bzw. Sträucher. *A. densiflorus* hat gebogene Stängel mit kleinen Scheinblättern und duftenden Blüten. Beliebte Sorten dieser Art sind 'Meyersii' (syn. *A. meyeri;* Fuchsschwanzspargel) und die noch häufiger im Handel erhältliche, etwas größer und üppiger wachsende 'Sprengeri' (syn. *A. sprengeri;* Sprengers Zierspargel). Letztere hat 1–1,2 m lange, federähnliche Stängel mit spitzen, nadelartigen Scheinblättern. Stellen Sie den Zierspargel in den Halbschatten und sorgen Sie im Winter für eine Mindesttemperatur von 8˚C.

Callisia elegans (Callisie)

Diese ausladende immergrüne Staude hieß früher *Setcreasea striata.* Sie hat ovale, dunkelgrüne Blätter mit weißen Längsstreifen sowie eine purpurrote Unterseite und bildet von Herbst bis Winter in Büscheln zusammensitzende, weiße Blüten. Die pflegeleichte Pflanze benötigt einen hellen bis leicht schattigen Platz und im Winter eine Mindesttemperatur von etwa 10˚C. Gedüngt wird einmal pro Monat; während der Wachstumsphase muss man regelmäßig mit kalkfreiem Wasser gießen.

Chlorophytum comosum (Grünlilie, Graslilie)

Diese pflegeleichte Pflanze hat lange, gebogene Blätter. Besonders beliebt sind die weiß gestreiften Sorten 'Variegatum' und 'Vittatum'. Stellen Sie die Grünlilie an einen hellen, erhöhten Platz, damit ihre bis zu 75 cm langen Blütenstängel, an denen sich später kleine Jungpflanzen bilden, frei herabhängen können. Sorgen Sie im Winter außerdem für eine Mindesttemperatur von 7˚C und düngen Sie von Frühjahr bis Herbst einmal die Woche.

Epipremnum aureum (Efeutute)

Diese schnell wachsende Pflanze wurde früher *Scindapsus aureus* genannt. Sie hat glänzende, leuchtend grüne, herzförmige Blätter, die unregelmäßig mit beigeweißen Flecken übersät sind. Die Efeutute wächst bei hellem oder gefiltertem Licht gut an Stäben oder Spalieren empor; im Winter braucht sie eine Mindesttemperatur von 15˚C. Gießen Sie die Pflanze im Frühjahr und Sommer reichlich und düngen Sie einmal pro Monat. Im Winter wird die Erde gerade noch feucht gehalten.

Ficus pumila (Kletterfeige)

Diese Verwandte des Gummibaumes (siehe S. 50) hieß früher *F. reptans.* Sie hat leuchtend grüne, herzförmige Blätter und ihre Triebe können bei guter Pflege jährlich bis zu 30 cm wachsen; die Sorte 'Sonny' besitzt Blätter mit einem weißen Rand. Stellen Sie die Pflanze in den Halbschatten und sorgen Sie im Winter für eine Mindesttemperatur von etwa 10˚C. Während der Wachstumsphase muss regelmäßig gegossen und einmal pro Monat gedüngt werden.

Fittonia albivensis (Mosaikpflanze, Fittonie)

Diese immergrüne Staude wird hauptsächlich wegen ihrer hübschen, kleinen, ovalen Blätter gepflegt, die stark von andersfar-

Linke Seite: Die beiden jungen Mosaikpflanzen *(Fittonia albivensis;* 'Argyroneura'-Gruppe) bilden einen hübschen Kontrast zum Einblatt *(Spathiphyllum walisii).* **Oben:** Wie viele andere Pflanzen mit kleinen und zierlichen Blättern sieht auch *Ficus pumila* 'Variegata' (Kletterfeige) vor einem schlichten Hintergrund am besten aus.

bigen Adern durchzogen sind und unter guten Bedingungen ein dichtes Laubkissen bilden. Die Blätter von *F. albivensis* („Argyroneura"-Gruppe) sind hellgrün mit silberweißen Adern, die der „Verschaffeltii"-Gruppe dunkelgrün mit roten Adern. Beide Pflanzen, die sich auch gut für ein Terrarium eignen, brauchen kalkfreies Substrat und einen hellen Platz ohne direkte Sonneneinstrah-

lung; wichtig ist außerdem eine hohe Luftfeuchtigkeit und eine Mindesttemperatur von 15°C. Während der Wachstumsphase sollte man alle drei bis vier Wochen düngen.

Glechoma hederacea 'Variegata' (Gundelrebe, Gundermann)

Diese Pflanze hieß früher *Nepeta glechoma* 'Variegata' (syn. *N. hederacea* 'Variegata'). Sie besitzt herzförmige, hell marmorierte Blätter und gedeiht am besten in kühleren Räumen. In einer Blumenampel können ihre herabhängenden Triebe eine Länge von bis zu 1,8 m erreichen. Stellen Sie die Gundelrebe an einen hellen Platz ohne direktes Sonnenlicht.

Gynura aurantica (Gynure, Samtpflanze)

Dieser immergrüne Halbstrauch wird manchmal noch unter seinem alten Namen *G. sarmentosa* angeboten. Seine Triebe wachsen zunächst aufrecht, beginnen aber mit zunehmender Länge herabzuhängen. Die purpurfarbenen Blätter sind behaart; im Winter werden orangegelbe Blüten gebildet. Geben Sie der Gynure einen hellen, warmen Platz und sorgen Sie im Winter für eine Mindesttemperatur von 13°C. Während

der Wachstumsphase wird alle 3–4 Wochen gedüngt.

Maranta leuconeura (Marante, Pfeilwurz)

Die dunkelgrünen ovalen Blätter dieser attraktiven Pflanze weisen ein hübsches Muster in Grün-, Graugrün- oder Rottönen auf; die Unterseiten sind rötlich violett. Die Sorte 'Erythroneua' hat schöne, dunkelgrüne, am Rand hellere Blätter mit einer gelblichen Mittelrippe und roten Blattadern; 'Kerchoveana' besitzt hellgrüne Blätter mit kräftigen, dunklen, grün-braunen Flecken. Alle Sorten werden etwa 30 cm hoch und breit. Sie bevorzugen halbschattige bis schattige Plätze und sollten möglichst vor Zugluft geschützt werden. Wichtig sind aber auch eine hohe Luftfeuchtigkeit und regelmäßiges Gießen im Sommer. Alle 3–4 Wochen benötigen die Pflanzen Flüssigdünger; im Winter muss die Temperatur mindestens 15°C betragen.

Philodendron scandens (Kletternder Baumfreund)

Diese beliebte und pflegeleichte Art mit glänzenden, herzförmigen Blättern kann als Kletterpflanze

gezogen werden, sieht aber auch als Hängepflanze sehr ansprechend aus. Ein geeigneter Standort ist ein heller Platz ohne direkte Sonne. Die Temperatur sollte nie mehr als 24°C betragen; außerdem muss im Sommer wöchentlich gedüngt werden.

Plectranthus (Harfenstrauch)

Zu dieser Gattung gehören zwei sehr schöne Kletterpflanzen, die sich besonders gut für Blumenampeln eignen. Eine von ihnen ist *P. forsteri* (syn. *P. coleoides*). Sie hat hellgrüne Blätter mit gezähntem Rand; bei der Sorte 'Marginata' sind die Blätter außerdem weiß gesäumt. Die zweite Art, *P. oertendahlii,* hat grünlich bronzefarbene Blätter mit weißlichen Adern und Mittelrippen auf der Oberseite. Stellen Sie die Pflanzen an einen hellen Platz, aber nicht in die pralle Sonne und sorgen Sie im Winter für eine Temperatur von mindestens 10°C. Gießen Sie die Pflanzen während der Wachstumsphase regelmäßig und düngen Sie einmal im Monat.

Saxifraga stolonifera (Judenbart)

Diese niederliegende Staude hieß früher *S. sarmentosa.* Sie bildet

Links oben: Die Blätter der Pfeilwurz, in diesem Fall *Maranta leuconeura* 'Erythroneura', sind nachts nach oben gerichtet.

Oben: Die pflegeleichte *Tradescantia pallida* 'Purpurea' vergeilt manchmal. Allerdings lassen sich durch Stecklinge leicht neue Pflanzen ziehen.

Rechts oben: Mit seinen hängenden Trieben und den herzförmigen Blättern eignet sich *Philodendron scandens* (Kletternder Baumfreund) hervorragend zum Bepflanzen einer Ampel. In dem hier gezeigten Fall handelt es sich um ein Arrangement mit *Nephrolepis cordifolia* (Schwertfarn), *Hedera helix* (Efeu) und *Plectranthus forsteri* 'Marginatus' (Harfenstrauch).

dünne, rosafarbene Ausläufer, die bis zu 1 m lang werden können und an denen sich neue Pflanzen entwickeln.

Die runden, behaarten Blätter der Sorte 'Tricolor' (syn. *S. stolonifera* 'Magic Carpet') weisen eine helle Zeichnung auf und können stellenweise rosa überlaufen sein. Stellen Sie die Pflanzen an einen hellen Platz und sorgen Sie im Winter für eine Mindesttemperatur von etwa 10˚C. Gießen Sie von unten – im Sommer relativ großzügig, im Winter sparsamer. Außerdem sollte im Sommer alle 2–3 Wochen gedüngt werden.

Scindapsus pictus 'Argyraeum' (Gefleckte Efeutute)
Diese vergleichsweise langsam wachsende Kletterpflanze, die früher unter dem Namen *Epipremnum pictum* 'Argyraeum' bekannt war, hat herzförmige, weiß marmorierte Blätter. Die Pflanzen bevorzugen einen hellen Platz, vertragen aber keine direkte Sonne; im Winter brauchen sie eine Mindesttemperatur von 15˚C. Während des Frühjahrs und im Sommer wird reichlich ge-

gossen und einmal pro Monat gedüngt; im Winter sollte das Substrat gerade noch feucht sein.

Tradescantia (Tradeskantie, Dreimasterblume)
Die Rio-Tradeskantie (*T. fluminensis*) ist eine mehrjährige Pflanze mit kriechenden Trieben. Sie hat ovale, hellgrüne Blätter, deren Unterseite oft purpurrot ist. Die Blätter der Sorte 'Variegata' (syn. *T. albiflora* 'Variegata') haben weiße Längsstreifen. *T. pallida* (syn. *Setcreasea pallida*) ist eine unempfindliche Pflanze mit langen, schmalen, dunkelvioletten Blättern, die samtig schimmern.

T. zebrina (syn. Zebrina pendula, Zebrakraut) bildet ebenfalls herabhängende Stängel. Sie hat blau-grüne Blätter mit purpurroten bis rosafarbenen Längsstreifen und einer purpurroten Unterseite.

Die Art bevorzugt einen Platz in der Sonne; im Winter sollte die Temperatur nicht unter 7–10˚C fallen. Gießen Sie im Sommer mäßig, im Winter sparsam und düngen Sie bei sehr starkem Wachstum mehrmals wöchentlich.

Links: Die Purpurtute *(Syngonium podophyllum)* hat hübsch gezeichnete Blätter. Man kann sie an mit Moos umwickelten Stäben emporklettern lassen oder als Hängepflanze nutzen.

Rechts: In einem großen Topf mit einer geeigneten Kletterhilfe entwickelt sich der Känguruwein *(Cissus antarctica)* schnell zu einer kräftigen Pflanze.

Ganz rechts: Der Königswein *(Cissus rhombifolia 'Ellen Danica')* wächst an den unterschiedlichsten Kletterhilfen empor.

KLETTERPFLANZEN

In der Natur winden sich Kletterpflanzen zumeist an einer Wirtspflanze empor, wobei sie diese umschlingen oder sich an ihr mit Luftwurzeln bzw. Ranken festhalten. Sollen solche Pflanzen in der Wohnung gehalten werden, müssen wir für einen entsprechenden Ersatz sorgen. Zahlreiche Kletterpflanzen halten sich selbst an einer Kletterhilfe fest, andere müssen aufgebunden werden. Sollen sie als Hängepflanzen

Verwendung finden, verzichtet man natürlich auf eine Kletterhilfe und lässt die Triebe einfach überhängen. Die meisten Kletterpflanzen wachsen allerdings lieber an einer geeigneten Unterlage hinauf, wobei Luftwurzeln bildende Arten und Sorten mit Moos umwickelte Stäbe bevorzugen. Weitere beliebte Kletterhilfen sind Drahtringe oder Spaliere.

Viele kletternde Blattpflanzen wachsen in der Wohnung sehr

gut, sodass man sie auf die unterschiedlichste Weise einsetzen kann. Zu den besonders prächtigen Pflanzen mit größeren Blättern gehört z. B. der Baumfreund *(Philodendron domesticum)* mit seinen langen Luftwurzeln. Engt man ihn nicht zu sehr ein, kann er im Laufe der Jahre eine beachtliche Höhe erreichen. Wer rasch Erfolge sehen möchte, sollte es dagegen mit einem Königswein *(Cissus rhombifolia)* versuchen, der vergleichsweise schnell heranwächst.

ARTEN UND SORTEN

Cissus (Klimme)
C. antarctica (Känguruwein) hat zahlreiche gesägte, glänzend grüne Blätter. Die Art, die vergleichsweise wenig Licht benötigt, kann zunächst an Bambusstäben gezogen werden; später sollte sie ein Spalier bekommen. Es handelt sich um robuste Pflanzen, die man jederzeit zurückschneiden kann.
C. discolor (Bunte Klimme) hat spitze Blätter mit einer silbernen, grauen und rosa Zeichnung.

C. rhombifolia (syn. *Rhoicissus rhombifolia*; **Königswein**) ist eine langlebige Pflanze mit einer Vielzahl glänzender, dunkelgrüner Blätter, die kräftige Blattadern und einen gezähnten Rand haben. Die Art bildet zunächst grünliche Blüten und später blauschwarze Beeren. Sie verträgt etwas Schatten, wächst an einem hellen Standort aber besser. Außerdem braucht sie viel Platz, sodass man ihr ein Spalier zur Verfügung stellen sollte. Der Königswein wächst am besten bei normaler Zimmertemperatur, im Winter sollte die

Temperatur nicht unter 5˚C absinken. Während der Wachstumsphase müssen die Pflanzen regelmäßig gegossen werden; außerdem sollte man einmal pro Monat düngen.
x *Fatshedera lizei* (Efeuaralie)
Obwohl man diese Pflanze in Gegenden mit mildem Klima auch in den Garten setzen kann, ist sie vor allem eine hübsche und pflegeleichte Zimmerpflanze, die bis zu 3 m hoch werden kann. Die panaschierte Sorte 'Variegata', hat Blätter mit beigefarbenem Rand, ist jedoch weniger kräftig und winterhart als

die Wildform. Sorgen Sie für einen hellen Platz ohne direkte Sonne und lassen Sie die Pflanzen an einer Kletterhilfe hochwachsen. Während der Wachstumsphase muss regelmäßig gegossen und einmal pro Monat gedüngt werden; im Winter ist weniger Wasser nötig.

Hedera (Efeu)

H. canariensis, von der häufig die panaschierte Sorte 'Gloire de Marengo' angeboten wird, ist eine recht anspruchslose Pflanze. Sie hat grüne Blätter mit weißer Zeichnung und lässt sich gut als Kletterpflanze ziehen, benötigt aber relativ kühle Bedingungen und ausreichend Licht. Kleine Sorten von *Hedera helix,* die sich vor allem für ungeheizte Räume eignen, sind 'White Knight' (syn. 'Helvig') mit kleinen, weiß panaschierten Blättern und 'Melanie',

deren hell purpurrote Blätter einen leicht gewellten Rand aufweisen. Stellen Sie diese Zuchtformen an einen hellen Platz, aber nicht in die pralle Sonne und gießen Sie während der Wachstumsphase regelmäßig. Gedüngt wird einmal pro Monat (im Winter sollte die Erde gerade feucht gehalten werden).

Philodendron domesticum (Baumfreund, Baumlieb)

Diese Kletterpflanze, die früher *P. hastatum* hieß, kann im Gewächshaus bis zu 6 m hoch werden. Als Topfpflanze wird sie aber normalerweise nicht größer als 1,5 m. Lassen Sie den Baumfreund an einem langen, mit Moos umwickelten Stab an einem halb schattigen Platz wachsen, gießen Sie während der Wachstumsphase reichlich und düngen Sie alle drei bis vier Wochen.

Im Winter braucht die Pflanze eine Mindesttemperatur von 15˚C.

Syngonium podophyllum (Purpurtute)

Die Purpurtute, die früher *Nephthytis triphylla* genannt wurde, ist eine Kletterpflanze mit fleischigen Blättern und Luftwurzeln, die gut an einem mit Moos umwickelten Stab wächst. Es gibt eine Reihe von Sorten mit panaschierten Blättern, z. B. 'White Butterfly'; die Blätter von 'Emerald Gem' sind groß, und pfeilförmig. Stellen Sie die Purpurtute an einen hellen Platz, aber schützen Sie die panaschierten Sorten vor direkter Sonne. Wichtig ist eine hohe Luftfeuchtigkeit. Während der Wachstumsphase wird reichlich gegossen und alle 3–4 Wochen gedüngt; im Winter ist eine Mindesttemperatur von 15˚C erforderlich.

AUFRECHT WACHSENDE BLATTPFLANZEN

Hohe Solitärpflanzen wirken am besten, wenn sie in einem großen Kübel auf dem Boden stehen, wobei dem Pflanzgefäß eine wichtige Rolle zukommt. Für große Pflanzen benötigt man einen Kübel, dessen Höhe etwa ein Viertel bis ein Drittel der Pflanzenhöhe beträgt und dessen Form und Stil sowohl zur Pflanze als auch zur Einrichtung passen sollte. Wenn die Pflanze wächst, muss sie von Zeit zu Zeit in ein etwas größeres Gefäß umgetopft werden, damit die Wurzeln genug Platz zum Wachsen haben. Zumeist wird dann auch ein neuer Übertopf benötigt, damit die Proportionen wieder stimmen. Pflanzen, die zu groß zum Umtopfen sind, benötigen regelmäßig Kopfdünger.

Tragen Sie dazu jedes Jahr die oberen 2,5–5 cm des Substrats ab und geben Sie frische Erde in den Topf, damit wieder Nährstoffe vorhanden sind und die Oberfläche aufgelockert wird.

Kleinere Pflanzen mit kräftigen Farben und gemusterten Blättern, beispielsweise die pflegeleichte *Solenostemon* (Coleus, Buntnessel) oder die etwas anspruchsvollere *Codiaeum variegatum* var. *pictum* (Kroton, Wunderstrauch), sehen am besten aus, wenn sie auf dem Fußboden stehen, weil man ihre Blätter dann von oben betrachten kann. Eine besonders schöne Wirkung erzielt man, wenn zwei oder drei Pflanzen mit unterschiedlich gefärbten Blättern in einer Gruppe arrangiert werden, weil so die

kontrastierenden Farben besonders gut zur Geltung kommen. Aber auch Blattpflanzen unterschiedlicher Größe und mit unterschiedlicher Blatt- bzw. Wuchsform lassen sich auf dem Boden gut in einer Gruppe anordnen.

Auf dem Fußboden eines Zimmers ist oft nur wenig Licht vorhanden. Zum Glück gibt es aber viele Schatten liebende Blattpflanzen, die auch unter diesen Bedingungen noch wachsen können. Pflanzen, die mehr Licht benötigen, kann man höher stellen, etwa in einen Pflanztrog mit Beinen. Auf dem Fußboden stehende Pflanzen eignen sich gut für ein Dachzimmer mit tief angesetzten Fenstern oder mit einem Oberlicht.

Links: In einer gemischt bepflanzten Schale kommen unterschiedliche Blattformen besonders gut zur Geltung, wie am Beispiel der großen glatten, hübsch geformten Blätter der Schusterpalme (*Aspidistra elatior* 'Variegata') und den feinen Scheinblättern des Zierspargels (*Asparagus-densiflorus-*Sprengeri-Gruppe) deutlich wird.

Rechts: *Begonia-Rex-*Hybriden werden vor allem wegen der hübschen Blätter gepflegt, denn die Blüten sind klein und unauffällig. Begonien sehen in schlichten Blumentöpfen oft am besten aus.

ARTEN UND SORTEN

Aspidistra elatior (Schusterpalme)

Diese Art gehört schon lange zu den besonders beliebten Zimmerpflanzen. Ihre glänzenden, dunkelgrünen, spitz zulaufenden Blätter können bis zu 50 cm lang werden. Es handelt sich um sehr anpassungsfähige Pflanzen, die sich sowohl bei viel Licht als auch im Halbschatten wohl fühlen. Während der Wachstumsphase muss reichlich gegossen und einmal pro Monat gedüngt werden. Im Winter braucht die Schusterpalme eine Mindesttemperatur von etwa 7°C und deutlich weniger Wasser als im Sommer.

Begonia (Begonie)

Zu dieser großen Gattung gehören einige ausgezeichnete Blattpflanzen. Eine davon ist *B. rex* (Königsbegonie), eine Staude mit hübschen grünen, metallisch glänzenden Blättern, deren Rand ein breites silbriges Band umzieht und deren dunklere Mitte von rosafarbenen und purpurroten Flecken umgeben ist. Unter dem Sammelbegriff Begonia-Rex-Hybriden sind unzählige Zuchtformen in den herrlichsten Farben zusammengefasst, die in der Regel

eine Höhe von etwa 25 cm und eine Breite von bis zu 30 cm erreichen. *B. masoniana* ist eine weitere, schöne Blattbegonie, die im Sommer zusätzlich Büschel unauffälliger, grünlich weißer Blüten hervorbringt. Die Art hat bis zu 20 cm lange Blätter, deren Oberfläche leicht runzlig wirkt; die Färbung ist grün oder gelblich grün mit einem kräftigen, schwarzbraunen Muster in der Mitte, das ein wenig an ein Kreuz erinnert. Die Pflanzen selbst werden etwa 45 cm hoch und breit.

Alle hier erwähnten Begonien brauchen einen hellen Platz ohne direkte Sonneneinstrahlung und im Winter eine Mindesttemperatur von etwa 10°C. Gießen Sie nicht zu viel, aber sorgen Sie für eine möglichst hohe Luftfeuchtigkeit. Während der Wachstumsphase wird alle 2–3 Wochen gedüngt; im Winter hält man das Substrat gerade noch feucht.

Calathea (Korbmarante)

Auch zu dieser Gattung gehören mehrere hübsche Blattpflanzen. Am bekanntesten und am weitesten verbreitet ist *C. makoyana* (syn. *Maranta makoyana*). Ihre Blätter, die bis zu 30 cm lang werden, haben in der Mitte eine dunkelgrüne Zone, die von hellerem Grün mit mittelgrünen

Rändern und Adern umgeben ist. Die Blattunterseiten sind purpurrot. Die Pflanzen werden etwa 45 cm hoch und 23 cm breit.

C. sanderiana (syn. *C. majestica* 'Sanderiana', *C. ornata* var. *sanderiana*) hat dunkelgrüne, bis zu 60 cm lange Blätter mit einer Zeichnung aus kräftig rosaroten bis beigefarbenen Streifen, die Unterseiten sind purpurrot.

In der Natur können diese Pflanzen bis zu 3 m hoch werden, in der Wohnung erreichen sie diese Größe jedoch nur selten. *C. zebrina* hat bis zu 45 cm lange, dunkelgrüne, ovale Blätter mit mittelgrünen Rändern und Adern. Die Pflanzen werden 1 m hoch und 60 cm breit.

Die Pflege von Korbmaranten ist nicht ganz unkompliziert. Sie kommen zwar mit relativ wenig Licht aus, vertragen aber keine Zugluft. Außerdem brauchen sie eine konstante Temperatur, die im Winter mindestens 16°C betragen sollte, und eine hohe Luftfeuchtigkeit. Während der Wachstumsphase müssen sie reichlich gegossen und regelmäßig gesprüht werden. Gedüngt wird in dieser Zeit einmal pro Monat. Im Winter sollte man das Substrat nur leicht feucht halten.

Links: Zur Deremensis-Gruppe von *Dracaena fragrans* gehören herrliche Blattpflanzen, die mehr als 1,2 m hoch werden können.
Rechts: Mit seinen bunt gemusterten Blättern bildet *Codiaeum variegatum* var. *pictum* (Kroton) in jeder Wohnung einen auffälligen Blickfang.
Rechts unten: *Fatsia japonica* (Zimmeraralie) gedeiht fast überall, nur nicht in der prallen Sonne. Mit ihren tief eingeschnittenen Blättern kommt die Pflanze auf Treppenabsätzen, in einer Diele und in Räumen, die im Winter nur mäßig geheizt werden, besonders gut zur Geltung.

Codiaeum variegatum var. pictum (Kroton, Wunderstrauch)

Von dieser Blattpflanze gibt es zahlreiche bunte Zuchtformen. Ihre bis zu 30 cm langen Blätter sind oval und lederartig glänzend; die Farbe ist normalerweise mittelgrün mit gelblichen Flecken, mit zunehmendem Alter verfärben sie sich aber häufig rötlich. Die anfangs mittelgrünen Blätter der Sorte 'Flamingo' haben beigefarbene Adern, die später gelb werden und sich im Alter dann rot oder purpurrot verfärben. Die attraktiven Blätter der Sorte 'Evening Embers' sind blauschwarz mit roten Adern sowie roten und grünen Flecken. Die Pflanzen, die bis zu 1 m hoch und oft mehr als 60 cm breit werden, sind empfindlich gegen Zugluft. Sie benötigen einen hellen Platz ohne direkte Sonne; im Winter brauchen sie eine Mindesttemperatur von ungefähr 10°C. Während der Wachstumsphase wird reichlich gegossen und häufig gesprüht; düngen sollte man alle 2–3 Wochen. Im Winter darf das Substrat gerade noch feucht sein.

Cordyline (Keulenlilie)

Einige der hübschen Keulenlilien, von denen viele in Australien und Neuseeland heimisch sind, können in Regionen mit milden Klima auch im Freien wachsen, aber die meisten werden als Zimmerpflanzen gehalten. Typisch für alle Keulenlilien sind die aufrechten Stämme mit schwert- oder lanzettförmigen Blättern. *C. fructicosa* (syn. *C. terminalis*) hat dunkelgrüne, bis zu 60 cm lange Blätter. Die Art kann bis zu 5 m hoch werden; Kübelpflanzen bleiben aber deutlich kleiner. Es gibt viele bunte Zuchtformen, darunter 'Baby Ti', deren Blätter einen kräftigen roten Rand besitzen. Die Sorte eignet sich gut als Zimmerpflanze, denn sie wird nur etwa 60 cm hoch und breit. Die Blätter von 'Tricolor' haben kräftige grüne, rosarote oder beigefarbene Flecken. Die deutlich kleinere *C. stricta* hat stärker gebogene, zumeist dunkelgrüne Blätter. Bei der Sorte 'Rubra' sind sie rötlich überlaufen, bei 'Discolor' bronzefarben bis purpurrot. Keulenlilien brauchen normalerweise einen hellen Standort, aber die panaschierten Sorten gedeihen im Halbschatten zumeist besser. Während der Wachstumsphase muss reichlich gegossen und einmal pro Monat gedüngt werden; im Winter brauchen die Pflanzen eine Mindesttemperatur von ungefähr 10°C.

Dieffenbachia seguine (Dieffenbachie)

Diese Art, die im Handel manchmal auch unter den Namen *D. amoena* oder *D. maculata* angeboten wird, gibt – wie alle Dieffenbachien – einen Saft ab, der Hautreizungen verursachen kann. Daher sollten Sie, wenn Sie die Pflanze angefasst haben, weder Mund noch Augen berühren. Es gibt mehrere Sorten, die alle sehr hübsche, ovale Blätter mit unterschiedlichen Mustern in Weiß, Beige und Grün haben. Die Sorte 'Amoena' besitzt dunkelgrüne Blätter mit beigefarbenen Streifen; 'Exotica' hat ebenfalls dunkelgrüne Blätter mit kräftigen weißen und grünlich-weißen Flecken; die Blätter der Sorte 'Maculata' sind leuchtend grün mit cremigweißen Adern und Flecken. Alle genannten Pflanzen werden etwa 60 cm hoch und breit. Dieffenbachien bevorzugen helles Licht, vertragen aber keine pralle Sonne. Im Sommer muss man reichlich gießen und sprühen, weil die Pflanzen eine hohe Luftfeuchtigkeit benötigen; außerdem sollte alle 3–4 Wochen gedüngt werden. Im Winter brauchen Dieffenbachien weniger Wasser, aber eine Mindesttemperatur von 15°C.

Dracaena (Drachenbaum)

Die Pflanzen dieser Gattung erinnern ein wenig an Keulenlilien. Daher ist es in der Vergangenheit auch häufig zu Verwechslungen gekommen, sodass die im Handel verwendeten Namen nicht immer richtig sein müssen. *D. fragrans* ist eine aufrecht wachsende Art, die in der Natur bis zu 15 m hoch werden kann und deren Blätter manchmal eine Länge von 1,2 m erreichen. Für die Wohnung gibt es aber besser geeignete Zuchtformen. Dazu gehören die Sorten der Deremensis-Gruppe mit ihren unterschiedlich gezeichneten Blättern. Eine von ihnen ist 'Lemon Lime' mit limettengrünen Blättern, die einen gelben Rand und gelbe Streifen haben; dagegen besitzt die Sorte 'Warneckei' dunkle, graugrüne Blätter mit weißen Streifen. *D. sanderiana* hat eine schmale Wuchsform und kann bis zu 1,5 m hoch werden. Die ebenfalls schmalen Blätter haben eine glänzend grüne Farbe und silberweiße Streifen. Außerdem sind sie leicht gewellt, was sie noch attraktiver macht. Drachenbäume benötigen normalerweise einen hellen Platz; Arten und Sorten mit einheitlich grünen Blättern können jedoch auch etwas Schatten vertragen.

Fatsia japonica (Zimmeraralie)

Diese große, schöne Pflanze hieß früher *Aralia japonica*. In Gegenden mit mildem Klima kann sie auch im Garten wachsen und dann bis zu 4 m hoch werden; in der Wohnung bleibt sie zumeist deutlich kleiner. Die großen, dunkelgrünen, glänzenden Blätter, die durch tiefe Einschnitte in 7–10 fingerartige Abschnitte unterteilt sind, können bis zu 40 cm lang werden. Im Herbst bildet die Pflanze kleine, beigefarbene Blüten, aus denen sich schwarze Früchte entwickeln. Die Sorte 'Variegata' ist eine hübsche, panaschierte Zuchtform, deren Blätter breite, beigefarbene Ränder aufweisen. Im Haus wachsende Aralien benötigen einen hellen Standort; panaschierte Zuchtformen sollten allerdings vor der prallen Sonne geschützt werden. Während der Wachstumsphase muss regelmäßig gegossen und alle 3–4 Wochen gedüngt werden; im Winter ist deutlich weniger Wasser erforderlich.

Ficus (Feige)

Zu dieser Gattung gehören neben der kleinen *F. pumila* (siehe S. 41) noch zwei weitere hübsche, aber deutlich größere Zimmerpflanzen. Eine davon ist *F. benjamina* (Birkenfeige), ein Baum mit überhängenden Zweigen und kleinen Blättern. In der Natur kann die Art bis zu 30 m groß werden; Kübelpflanzen bleiben mit etwa 2 m Höhe deutlich kleiner. Es gibt einige Zuchtformen, beispielsweise 'Exotica', die Blätter mit lang ausgezogenen, gedrehten Spitzen besitzt. Die Blätter von 'Starlight' haben eine goldgelbe Zeichnung; die Sorte 'Variegata' erkennt man an den weißen Blatträndern. Während die Blätter von *F. benjamina* nur 5–13 cm lang werden, erreichen die von *F. elastica* (Gummibaum) eine Größe von bis zu 45 cm. Sie sind glänzend, dunkelgrün, oft rötlich überlaufen und haben auffällige Rippen. In der Natur kann die Art bis zu 60 m hoch werden, als Zimmerpflanze wird sie kaum größer als etwa 3 m. Von Zeit zu Zeit werden im Handel auch Zuchtformen angeboten, etwa die Sorte 'Decora', deren Blätter beigefarbene Rippen und eine rötliche Unterseite besitzen. Dagegen sind die grau-grünen Blätter von 'Doescheri' gelblich gefleckt und die großen Blätter von 'Robusta' entfalten sich an roten oder orangefarbenen Trieben.

Stellen Sie die Pflanzen an einen hellen Platz, aber nicht in die pralle Sonne und sorgen Sie im Winter für eine Mindesttemperatur von ungefähr 15°C. Geben Sie außerdem einmal pro Monat einen Dünger mit hohem Stickstoffgehalt.

Monstera deliciosa (Fensterblatt)

Das Fensterblatt hat große, glänzende, dunkelgrüne Blätter. Bei jungen Exemplaren sind diese herzförmig mit durchgehendem Rand; ältere Pflanzen haben zumeist geschlitzte oder durchlöcherte Blätter. In ihrer Heimat Mittelamerika erreicht die Pflanze oft stattliche Ausmaße, als Kübelpflanze wird sie dagegen kaum größer als etwa 3 m. Gutes Wachstum erreicht man an einem mit Moos

Links unten: *Schefflera arboricola* wird schnell 1,5–1,8 m hoch. Ihre Blätter bestehen aus Teilblättern, die strahlenförmig an den Spitzen der Blattstiele sitzen.
Unten: Ein schön gewachsener Gummibaum *(Ficus elastica)* eignet sich gut als Solitärpflanze.
Rechts: *Monstera deliciosa* (Fensterblatt) hat große, lederartige Blätter, die im Laufe der Zeit fensterähnliche Löcher bekommen.
Ganz rechts: *Yucca elephantipes* ist eine gleichbleibend beliebte Zimmerpflanze. Sie sollte einen großen Kübel bekommen, in dem sie sich gut entfalten kann und der gleichzeitig hübsch aussieht. Die Blätter werden bis zu 1 m lang.

umwickelten Stab. Ältere Pflanzen bilden Luftwurzeln aus, die man auf keinen Fall abschneiden darf, weil damit Wasser aus der Luft aufgenommen wird.

Das Fensterblatt ist recht anpassungsfähig, gedeiht jedoch am besten an einem hellen Standort mit hoher Luftfeuchtigkeit, aber ohne direkte Sonneneinstrahlung. Während der Wachstumsphase sollte man kräftig gießen und alle 3–4 Wochen düngen. Im Winter brauchen die Pflanzen deutlich weniger Wasser.

Schefflera (Strahlenaralie)

Die Art *S. actinophylla* (syn. *Brassaia actinophylla*), die auch Lackblatt genannt wird, hat große, leuchtend grüne, handförmig geteilte Blätter mit langen Blattstielen. In der Natur können Strahlenaralien eine Höhe von 12 m oder mehr erreichen und selbst Wohnungsexemplare werden oft bis zu 3 m hoch.

S. arboricola (syn. *Heptapleurum arboricola*) erreicht dagegen nur eine Höhe von etwa 1 m. Sie hat glän-

zende grüne Blätter, die sich aus 7–16 gewölbten Teilblättern zusammensetzen und ebenfalls an einem langen Blattstiel sitzen. Bei der Zuchtform 'Variegata' haben die Blätter ein gelbes Muster.

S. elegantissima (syn. *Aralia elegantissima*, *Dizygotheca elegantissima*) ist eine schöne, aber nicht ganz einfach zu pflegende Pflanze mit dunklen, grünbraunen, ebenfalls glänzenden und stark zerteilten Blättern. Strahlenaralien sollten einen hellen Standort bekommen, jedoch nicht in der prallen Sonne stehen; im Winter brauchen sie eine Mindesttemperatur von etwa 13˚C. Während der Wachstumsphase muss regelmäßig gegossen und alle 3–4 Wochen gedüngt werden; im Winter hält man die Erde nur eben feucht.

Solenostemon scutellarioides (Buntnessel)

Diese Pflanze, die etwa 60 cm hoch und breit werden kann, hieß früher *Coleus blumei* var. *verschaffeltii*. Sie hat hübsch gezeichnete Blätter

in Grün-, Gelb-, Orange-, Rot- und Brauntönen. Buntnesseln brauchen einen hellen Standort, dürfen aber nicht in der prallen Sonne stehen; im Winter ist eine Mindesttemperatur von etwa 4˚C erforderlich. In der Wachstumsphase muss reichlich gegossen und alle zwei Wochen gedüngt werden. Wichtig ist außerdem regelmäßiges Umtopfen.

Yucca (Palmlilie)

Zu dieser Gattung gehören zahlreiche Pflanzen, die in Regionen mit mildem Klima auch im Freien wachsen können. *Y. elephantipes* (syn. *Y. gigantea*, *Y. guatemalensis*) ist allerdings eine beliebte Zimmerpflanze, die bis zu 1,8 m hoch werden kann. Sie braucht helles Licht und im Winter relativ kühle Temperaturen – allerdings nicht unter 10˚C. In der Wachstumsphase muss reichlich gegossen und einmal pro Monat gedüngt werden, im Winter hält man die Erde gerade feucht. Bei guter Pflege bildet die Palmlilie weiße Blüten.

Links: Der Zierpfeffer (*Capsicum annuum*) ist mit seinen auffälligen Früchten eine herrliche Herbst- und Winterpflanze. Er gedeiht am besten an einem hellen Platz und sieht in einer Gruppe besonders hübsch aus.

Rechts: Die Korallenbeere (*Nertera depressa*) wird normalerweise wegen der hübschen Beeren gepflegt, die im Herbst und Winter erscheinen. Sie braucht helles Licht, kühle Temperaturen und im Sommer viel Feuchtigkeit. Wenn sie im Spätwinter trocken stehen und das Frühjahr und den Sommer im Freien verbringen kann, bildet sie jedes Jahr korallenfarbene Früchte.

Ganz rechts: Die Kumquat (*Fortunella japonica*) ist zwar sehr hübsch, aber nicht ganz pflegeleicht. Die attraktiven Früchte werden nur bei ausreichend Licht, Wärme und Feuchtigkeit gebildet.

BEEREN- UND OBSTPFLANZEN

Einige Zimmerpflanzen werden vor allem wegen ihrer attraktiven Früchte oder Beeren gepflegt. Manche von ihnen sind ihr Geld sogar doppelt wert, denn sie bilden außerdem auch noch hübsche Blüten. Im Allgemeinen haben Pflanzen mit hübschen Beeren, beispielsweise die Korallenbeere (*Nertera depressa*) allerdings nur kleine Blüten.

Die meisten der hier aufgeführten Pflanzen müssen besonders gut gepflegt werden. Ganz besonders gilt das für Arten und Sorten mit essbaren Früchten, etwa Orangenbäumchen. Sie brauchen ausreichend Wärme, Licht und vor allem eine hohe Luftfeuchtigkeit, weil sonst keine oder nur sehr kleine Früchte gebildet werden.

Zahlreiche Zierobstpflanzen lassen sich auch aus Obstkernen oder Steinen ziehen. Dazu steckt man diese in einen Topf mit feuchter Erde und stellt ihn an einen dunklen Platz. Oft dauert es allerdings mehrere Monate, bis sich Keimlinge entwickeln. Andere Arten, etwa *Capsicum annuum,* lassen sich auch als Einjährige ziehen.

ARTEN UND SORTEN

Capsicum annuum (Zierpfeffer)

Diese Art wird normalerweise als Einjährige gezogen. Es gibt sie in vielen Farben, von Weiß über Rot und Gelb bis Violett und Schwarz. Säen Sie den Zierpfeffer im Frühjahr aus, decken Sie die Saatschale ab und halten Sie die Temperatur bei etwa 21˚C. Bei älteren Exemplaren sollten Sie regelmäßig die Triebspitzen abkneifen, damit der Wuchs buschig bleibt und viele Früchte gebildet werden.

Citrus limon (Zitrone, Limone)

Aus dieser Gattung gibt es eine Reihe von Zimmerpflanzen, von denen viele auch Früchte bilden. Eine häufig angebotene Art ist die Zitrone. Sie wächst in der Wohnung zu einem kleinen, dornigen Bäumchen mit hellgrünen Blättern und duftenden, weißen Sommerblüten heran. Nach der Blüte werden die typischen gelben Früchte gebildet. Die Sorte 'Meyeri' (syn. C. meyeri) sieht ähnlich aus, bildet aber ungenießbare Zierfrüchte. Stellen Sie die Zitrone an einen hellen Platz ohne direkte Sommersonne. Gießen Sie die Pflanzen während der Wachstumsphase kräftig und düngen Sie alle 2–3 Wochen.

x *Citrofortunella microcarpa* (Calamondin)

Diese Art, die früher *C. mitis* hieß, erreicht eine Höhe von bis zu 1 m.

Wenn sie hell steht, im Sommer gut gegossen wird und im Winter bei 13˚C eine Ruhephase einlegen kann, werden weiße, duftende Blüten und kleine essbare Früchte gebildet. Aber auch ohne Blüten- und Fruchtbildung handelt es sich um hübsche, immergrüne Sträucher.

Ficus deltoida (Mistelfeige)

Dieser kleine, langsam wachsende Strauch bildet graue bis goldgelbe, manchmal rötlich überlaufene Früchte.
Die Blätter sind klein und oval, ihre Oberseite ist grünlich, die Unterseite bräunlich. Die Pflanze, die Wintertemperaturen von bis zu 10˚C verträgt, wird normalerweise 45–75 cm hoch und 45 cm breit (manchmal findet man aber auch Kübelpflanzen, die um einiges größer sind).

Fortunella japonica (Kumquat)

Dieser große, dornige Strauch bildet im Frühjahr und Sommer duftende Blüten, aus denen sich später kleine, goldgelbe Früchte entwickeln. Sorgen Sie für einen möglichst hellen Platz und eine Mindesttemperatur von 7˚C im Winter.

Nertera depressa (Korallenbeere)

Diese polsterartig wachsende Staude wird nur etwa 2,5 cm hoch. Sie besitzt hellgrüne Blätter und bildet im Sommer gelbgrüne Blüten, aus denen sich später die orangefarbenen oder roten Beeren entwickeln. Sorgen Sie für einen halb schattigen Platz und gießen Sie während der Wachstumsphase reichlich. Gedüngt wird einmal im Monat. Im Winter ist weniger Wasser erforderlich.

Solanum capsicastrum (Korallenstrauch)

Diese Pflanze bildet neben hübschen, großen Blüten auch noch attraktive, allerdings giftige Früchte, deren Farbe sich im Winter von Grün über Gelb zu Orange oder Rot verändert. Geben Sie dem Korallenstrauch einen hellen Platz in einem nicht zu warmen Zimmer (etwa 10–15˚C) und gießen Sie nicht zu kräftig. *S. pseudocapsicum* sieht ähnlich aus, hat aber größere Früchte. Die Art lässt sich durch Aussaat zwischen Januar und April vermehren.

5 PALMEN, FARNE & BROMELIEN

Palmen, Farne und Bromelien sind zwar nicht miteinander verwandt, gemeinsam ist ihnen jedoch, dass sie auffällige Blätter besitzen und für ein leicht exotisches Flair sorgen. Schöne und lohnende Zimmerpflanzen lassen sich in allen drei Pflanzengruppen finden.

Die meisten der im Haus gepflegten Palmen stammen aus tropischen oder subtropischen Regionen und benötigen daher Wärme, eine hohe Luftfeuchtigkeit und helles Licht ohne direkte Sonne. Einige von ihnen, etwa *Chamaedorea elegans* (Bergpalme) oder die deutlich größere *Howea forsteriana* (Kentiapalme), vertragen aber auch die oft wechselnden Bedingungen eines normalen Wohnzimmers. Will man lange etwas von seiner Palme haben, muss man die Pflanze sorgfältig auswählen und auch einiges an Zeit für die Pflege aufwenden.

Farne waren schon im viktorianischen Zeitalter sehr beliebt, wobei sie damals hauptsächlich in Glasvitrinen untergebracht wurden. Ihr exotisches Aussehen weckt Erinnerungen an das ungezügelte Wachstum in einem Dschungel, doch tatsächlich sind viele von ihnen recht empfindlich. Farne aus gemäßigten Breiten

sind oft keine guten Zimmerpflanzen, da sie kühlere Bedingungen brauchen, als sie in einer Wohnung mit Zentralheizung herrschen. Viele tropische und subtropische Farne gedeihen jedoch bei den Temperaturen, die wir bevorzugen, allerdings nur, solange die Luftfeuchtigkeit hoch ist und sie keinen plötzlichen Temperaturschwankungen ausgesetzt werden.

Bromelien wachsen in der Natur häufig auf anderen Pflanzen oder auf Felsen. Dort beziehen sie ihre Nährstoffe aus der Luft oder aus angewehten Erdresten und Staub; einige wurzeln auch in flacher Erde. Viele der exotisch wirkenden Arten lassen sich auch als Zimmerpflanzen ziehen und obwohl sie meistens wegen ihrer attraktiven Blätter gepflegt werden, bilden einige auch sehr hübsche Blüten. Zahlreiche Bromelien kann man auf Steinen oder an mit Moos umwickelten Ästen wachsen lassen,

Links: Ein großer Wintergarten ist ein ausgezeichneter Standort für große Kübelpflanzen.
Oben: Die Kanarische Dattelpalme *(Phoenix canariensis)* ist eine attraktive Solitärpflanze.

wieder andere eignen sich besonders gut für Ampeln.

Zur Zeit werden viele der alten Palmen, Farne und Bromelien wieder modern; es gibt aber auch eine Reihe von Bromelien, die erst seit kurzem als Zimmerpflanzen erhältlich sind. Nach vielen dieser Pflanzen müssen Sie gezielt suchen, da nicht immer alle im Handel erhältlich sind. Einige Palmen, besonders junge Exemplare, können Sie in Gärtnereien und Gartencentern und sogar in der Pflanzenabteilung großer Supermärkte erwerben, andere bekommen Sie nur bei speziellen Züchtern.

PALMEN

Mit Palmen verbindet man häufig die Vorstellungen von Eleganz, Pracht und exotischen Ländern. Sie lassen uns an Oasen in der Wüste, Südseestrände mit schneeweißem Sand oder auch an die mit Palmen geschmückten Terrassencafés eleganter Badeorte früherer Zeiten denken. Im viktorianischen und edwardia- nischen Zeitalter standen die anspruchsvollsten und größten Palmen in Glashäusern, wo man ihnen die nötige Wärme und Luftfeuchtigkeit zur Verfügung stellen konnte. Aber auch in Hotelfoyers, Restaurants und öffentlichen Gebäuden konnte man die Wedel einiger unver- wüstlicher Arten immer häufiger sehen und im späten 19. und frühen 20. Jahrhundert wurden auch die Eingangshallen und Salons der vornehmen Bürger- häuser zunehmend mit Palmen geschmückt.

Später verdrängte ein nüch- ternerer Stil den Prunk, die überladende Pracht und das gedämpfte Licht der viktoria-

Links oben: Palmen sind
sehr langlebig. Das gilt auch
für die hier abgebildeten
Howea forsteriana
(Kentiapalme) und
Chamaedorea elegans
(Bergpalme; rechts).
Oben: Die anmutigen Wedel
von *Phoenix canariensis*
(Kanarische Dattelpalme)
wirken am besten vor einem
schlichten Hintergrund.

nischen und edwardianischen
Häuser und auch Palmen waren
plötzlich nicht mehr modern.
Inzwischen haben sie sich aber
wieder einen Platz in den ganz
anders eingerichteten Wohnungen der heutigen Zeit erobert.
Mit den klaren Konturen ihrer
Wedel und ihrer schlichten, aber
dennoch anmutigen Form fällt
eine Palme sofort auf. Dabei
wirkt sie aber gerade in großen,
hellen, schlicht eingerichteten
Räumen nicht aufdringlich, sondern passt sich hervorragend in
die Umgebung ein.

Früher stellte man Palmen
normalerweise mit einem großen
passenden Topf auf eine Kera-
miksäule. Auch heute können Sie
Ihre Palmen noch auf diese Weise präsentieren – entweder in
alten oder nachgebildeten Pal-
menständern. Beide sind zwar
teuer, eignen sich jedoch hervorragend für ein historisch einge-
richtetes und entsprechend
dekoriertes Zimmer. Aber auch
als auffälliges Element in einer
ansonsten schlichten, modernen
Einrichtung kommt eine Palme
so sehr gut zur Geltung. Kleinere
Palmen kann man auf Sockel
oder Pflanzenständer stellen, um
sie besser in den Mittelpunkt zu
rücken, während man große
Exemplare, die unter Umständen
sehr schwer sein können, auf
dem Fußboden lassen sollte –
am besten in einem großen Blu-
men- oder Übertopf von guter
Qualität. Als Blumentöpfe eignen
sich – je nach Umgebung –
verzierte Gefäße aus Porzellan,
glasierte Tontöpfe, Kübel aus
Messing oder Kupfer, Körbe oder
sogar einfache Plastiktöpfe von
guter Qualität.

Die meisten Palmen wachsen
in der Natur unter ganz speziellen Bedingungen: entweder in
der trockenen Wüste oder im
üppigen, grünen Dschungel.

Diese Herkunft sollten Sie auch
bei der Auswahl für Ihre Wohnung berücksichtigen. In einem
schlichten Raum mit poliertem
oder lackiertem Parkettboden
wecken Palmen Erinnerungen
an eine karge Wüstenlandschaft.
Während Palmen, die zusammen
mit anderen Blattpflanzen in
einem Raum stehen, der mit
einem grünen Teppich oder
einer grün gemusterten Tapete
ausgestattet ist, ein wenig
Dschungelflair ins Haus bringen.
Eine solche Umgebung lässt sich
aber auch im Kleinen nachbilden,
wenn Sie beispielsweise Blatt-
begonien, Moosfarne *(Selaginel-
la),* kleinere Farne und eine junge
Palme, etwa eine *Chamaedorea
elegans* oder *Lytocaryum weddellianum* in eine Glasvitrine
setzen.

Auch kann man mit Palmen –
vermutlich besser als mit jeder
anderen Pflanze – hübsche Licht-
und Schatteneffekte erzeugen.
So bildet eine Palme, die man in
eine verspiegelte Nische stellt,
einen unübersehbaren Blickfang
und auf den Wedeln von Palmen,
die links und rechts neben einem
offenen Kamin aufgestellt sind,
wird sich an gemütlichen Winter-
abenden das Feuer widerspie-
geln. Ebenso können die Schatten eines Palmwedels einer
kahlen Wand ein dramatisches
Muster verleihen und geschickt
eingesetzte Strahler sorgen für
attraktive Schattenmuster.
Achten Sie jedoch darauf, dass
diese Strahler nicht zu nahe an
der Pflanze stehen, damit die
Blätter nicht zu heiß werden und
Schaden nehmen. Wenn man die
Pflanze von unten beleuchtet,
wirft sie ihren Schatten sowohl
an die Decke als auch an die
Wände. Aber auch eine einfache
Jalousie (statt eines Fenstervor-
hangs) bildet eine gute Projek-
tionsfläche für Schatten.

Links: Obwohl *Howea forsteriana* (Kentiapalme) sehr groß werden kann, behält sie auch im Alter die Leichtigkeit und Anmut einer Jungpflanze. Im Winter ist ein Fensterplatz ideal, im Sommer braucht sie mehr Schatten.

Rechts: *Dypsis lutescens* (Goldfruchtpalme) ist unter verschiedenen Namen im Handel zu finden. Im Winter mag sie Temperaturen von 13–16°C, im Sommer dürfen es bis zu 27°C sein.

Die richtige Pflege

In der Natur werden viele Palmen (wenn auch nicht alle) sehr hoch. Allerdings wachsen sie normalerweise sehr langsam, sodass sie viele Jahre lang Zimmergröße behalten. Für ungeduldige Zimmergärtner sind Palmen nicht besonders gut geeignet, denn sie entfalten jedes Jahr nur etwa zwei bis drei neue Palmwedel. Bei vielen Zimmerpalmen entspringen die Wedel in Erdhöhe; größere Arten und Sorten – die normalerweise vergleichsweise hohe Temperaturen benötigen – besitzen dagegen einen zumeist unverzweigten Stamm mit einem Schopf aus Palmwedeln an der Spitze. Ein Beispiel für den letztgenannten Fall sind Dattelpalmen (*Phoenix*). Ein Palmwedel ist eigentlich ein zusammengesetztes Blatt mit zahlreichen Fächerstrahlen bzw. Fiedern. Jeder Wedel entspringt einem einzigen Vegetationspunkt, der nicht beschädigt werden darf, weil sonst der gesamte Wedel in Mitleidenschaft gezogen wird. Auch dürfen Sie keinesfalls den Haupttrieb einer Palme abschneiden, denn er wächst nicht wieder nach. Zu beachten ist auch, dass Palmen zu den wenigen Pflanzen gehören, die in kleineren Gefäßen besser wachsen.

Die beliebtesten Zimmerpalmen sind vergleichsweise anpassungsfähig. Im Winter legen sie gern eine Ruhephase bei kühleren Temperaturen ein – allerdings sollte die Temperatur dabei nicht unter 10°C sinken. Heizungsluft wird von zahlreichen Arten und Sorten recht gut vertragen, zu starkes Licht beeinträchtigt dagegen manchmal das Wachstum, besonders wenn es sich um junge Exemplare handelt, die in der Natur normalerweise im Schatten höherer Pflanzen aufwachsen. Daher kann man viele Palmen auch ruhig in eine etwas dunklere Ecken stellen. Zugluft und plötzliche Temperaturschwankungen mögen die meisten Arten nicht, auch wenn es einige Palmen gibt, die sich wohler fühlen, wenn die Temperatur nachts etwas niedriger liegt als am Tage.

Palmen wachsen am besten, wenn ihre Wurzeln den Topf ausfüllen dürfen. Daher sollten sie keinesfalls zu oft umgetopft werden. Wichtig ist außerdem, dass das Substrat gut durchlässig ist. Im Sommer oder in warmen Räumen müssen Sie häufig gießen; bei niedrigen Temperaturen aber erst, wenn die Erde leicht ausgetrocknet ist. Keinesfalls darf sich das Substrat jedoch voll Wasser saugen und die Töpfe dürfen auch nicht in Wasser stehen. Palmen benötigen eine hohe Luftfeuchtigkeit, sodass man in warmen, trockenen Räumen häufig sprühen sollte. Man kann die Pflanze aber auch in eine Schale mit feuchten Kieselsteinen stellen, um die Luftfeuchtigkeit um die Palme zu erhöhen. Gedüngt wird im Sommer regelmäßig und ab und zu müssen die Palmwedel abgewischt werden. Das geschieht am besten mit einem Tuch, das in lauwarmes Wasser getaucht (und gut ausgewrungen) wurde.

Links: Die Wedel von *Chamaedorea elegans* (Bergpalme) wirken zierlicher als die vieler Kentiapalmen.

Oben: Der Palmfarn *(Cycas revoluta)* ist eigentlich keine richtige Palme, obwohl er in Gartencentern oft als solche verkauft wird. Seine kräftigen fächerartigen Wedel entspringen einer kegelförmigen, verholzten Basis, was den besonderen Reiz dieser Pflanzen ausmacht.

Rechts: *Rhapis excelsa* (Steckenpalme) hat einen aufrecht wachsenden Stamm und ausladende, fächerförmige Wedel.

ARTEN UND SORTEN

Caryota (Fischschwanzpalme)

Die Arten dieser Gattung stammen aus Indien, Sri Lanka, Südostasien und Australien. Sie haben recht ungewöhnliche Wedel, die eher an einen Farn als eine Palme erinnern. In der Natur können sie bis zu 12 m hoch werden, als Kübelpflanzen erreichen sie höchstens 3 m. *C. mitis* (Burmesische Fischschwanzpalme) hat mittelgrüne Blätter mit keilförmigen Fiedern, *C. urens* dunkelgrüne, unregelmäßig gezähnte Blätter.

Chamaedorea (Bergpalme)

Diese Palmen, die aus Mittel- und Südamerika stammen, haben bambusartige Stämme und gefiederte Wedel. *C. elegans* (syn. *Neanthe bella*) erreicht eine Höhe von bis zu 3 m. Sie hat mittelgrüne, bis zu 1,2 m lange Blätter, die sich aus 21–40 Fiedern zusammensetzen. Die Sorte 'Bella' ist kompakter, wird nur etwa 1 m groß und wächst vergleichsweise langsam. *C. metallica* kann ebenfalls 1 m hoch und etwa 50 cm breit werden; *C. seifrizii* erreicht eine Höhe von etwa 1,8 m. Ihre mittelgrü-

nen Blätter werden etwa 60 cm lang und bestehen aus 24–28 Fiedern. Den Winter sollten diese Palmen in Räumen mit höchstens 18°C verbringen.

Chamaerops humilis (Zwergpalme)

Diese Palme stammt aus dem westlichen Mittelmeerraum und eignet sich daher besonders gut für einen kühlen Wintergarten oder sogar eine ungeheizte, geschützte Veranda. Die Art wird höchstens 1,5 m hoch; ihre fächerförmigen Blätter mit den 12–15 Fiedern sind blau- bzw. graugrün.

Cycas (Palmfarn)

Diese Pflanzen, bei denen es sich eigentlich nicht um echte Palmen handelt, kommen auf Madagaskar, in Südostasien sowie in Australien vor. Sie haben einen Schopf aus 2–3 m langen Wedeln mit dekorativen Fiederblättern, die einem kräftigen, verholzten Stamm entspringen. Palmfarne eignen sich sehr gut als Solitärpflanzen, brauchen aber viel Platz, um optimal zur Geltung zu kommen. *C. circinalis* wächst langsam und erreicht als Kübelpflanze eine Höhe von 1,8 m; die glänzenden, dunkelgrünen Wedel bestehen aus bis zu 100 Fiederblättern. *C. revoluta* kann als Zimmerpflanze bis zu 1,5 m groß werden. Sie besitzt einen kräftigen Stamm mit einem endständigen Schopf aus bis zu 75 cm langen Wedeln.

Dypsis lutescens (Goldfruchtpalme)

Diese kleine Palme hieß früher *Chrysalidocarpus lutescens* (syn. *Areca lutescens*). Sie stammt aus Madagaskar, wo sie bis zu 6 m hoch wird. Als Kübelpflanze erreicht sie dagegen normalerweise nur eine Größe von ungefähr 3 m. Ihre überhängenden Wedel, die aus zahlreichen gelbgrünen Fiedern bestehen, können bis zu 1,8 m lang werden. Die Palme, die ein gut durchlässiges Substrat benötigt, bevorzugt einen hellen Standort ohne direkte Sonne, kann aber auch im Halbschatten wachsen. Temperaturen unter 16°C verträgt sie nicht.

Howea (Kentiapalme)

Die beiden Arten dieser Gattung stammen von der australischen Lord-Howe-Insel. Die beliebte *H. belmoreana* (syn. *Kentia belmoreana*), die bis zu 3 m hoch werden kann, hat überhängende, ungefähr 1 m lange Wedel. Die weit verbreitete, sehr robuste *H. forsteriana* (syn. *Kentia forsteriana*) wird in einem Kübel ebenfalls ungefähr 3 m hoch. Ihre hübschen Wedel, die man unbedingt vor direkter Sonneneinstrahlung schützen sollte, haben lang gestielte riemenförmige Fiedern.

Lytocaryum weddellianum (Kokospälmchen)

Die aus Brasilien stammende Palme war früher unter dem Namen *Microcoelum weddellianum* (syn. *Syagrus*

weddelliana) im Handel. Sie hat einen aufrechten Stamm und bis zu 1,2 m lange Wedel mit rotschwarzen Schuppen.

Phoenix (Dattelpalme)

Die Arten dieser Gattung stammen aus den tropischen und subtropischen Regionen Asiens und Afrikas. *P. canariensis* (Kanarische Dattelpalme) hat flache, fein gefiederte, gebogene Wedel, die in einem Schopf an der Spitze des Stammes wachsen. Die eigentliche Dattelpalme *(P. dactylifera)* wächst schneller als *P. canariensis.* Sie hat graugrüne Wedel mit schmalen Fiedern und lässt sich leicht aus Dattelkernen ziehen. *P. roebelenii* hat glänzende dunkelgrüne, überhängende Wedel.

Rhapis (Steckenpalme)

Rhapis excelsa (syn. *R. flabelliformis*) kann in einem Kübel bis zu 1,5 m hoch werden. Sie hat dunkelgrüne, glänzende, tief eingeschnittene Wedel mit drei bis zehn Fiedern. *R. humilis* ist eine kleinere, schlankere Palme, deren Blätter aus neun bis 20 Fiedern bestehen. Beide wachsen am besten im Halbschatten.

Trachycarpus fortunei (Hanfpalme)

Diese Palme hat einen unverzweigten Stamm und einen Schopf aus großen, fächerförmigen, dunkelgrünen Wedeln, die sich aus zahlreichen, schmalen Fiedern zusammensetzen. Die Art gehört zu den Palmen, die an einem gut geschützten Platz den Winter auch im Garten überstehen können. Im Haus kann sie an einem sonnigen oder auch halb schattigen Platz stehen.

Washingtonia (Washingtonie)

Zu dieser Gattung gehören zwei Palmen, die aus dem Südwesten der USA und Nordmexiko stammen. *W. filifera* (syn. *W. filamentosa*) kann in der Natur über 15 m hoch werden. Als Kübelpflanze bleibt sie mit höchstens 2 m Größe allerdings deutlich kleiner; außerdem wird nur selten ein Stamm gebildet. Es handelt sich um vergleichsweise kurzlebige Palmen mit fächerförmigen, langstieligen Wedeln, deren einzelne Fiedern befasert sind. *W. robusta* (syn. *W. gracilis*, *Pritchardia robusta*) hat leuchtend grüne Blätter. Sie wird in Kübeln etwa 1,8 m hoch.

Links: Farne und Körbe passen gut zusammen. So fallen einige der Stängel von *Adiantum capillus-veneris* (Frauenhaarfarn) locker über die Korbränder, andere wachsen zum Griff hoch. Eine Begonie bringt Farbe ins Spiel.

Oben: Farne gedeihen in Gruppen besonders gut. Pflanzen Sie daher möglichst mehrere kleinere Farne mit unterschiedlichen Blattformen und Grüntönen zusammen.

Rechts: Die anmutig herabhängenden Wedel von *Nephrolepis exaltata* 'Whitmonii' kommen auf einer Pflanzensäule besonders gut zur Geltung.

FARNE

Wenn man einige Grundregeln beachtet, sind Farne nicht schwer zu pflegen. So vertragen sie keinen Zug, keine trockene Luft und weder zu hohe noch zu niedrige Temperaturen. Werden diese Bedingungen eingehalten, belohnen uns Farne das ganze Jahr über mit ihrem üppigen Grün.

Viele Farne stammen aus tropischen und subtropischen Regionen, aber es gibt auch zahlreiche Arten aus Gegenden mit gemäßigtem Klima. Diese eignen sich besonders gut für kühle Zimmer, während sie sich in beheizten Räumen nicht lange halten. Das Gegenteil gilt für tropische Farne, die sich in wärmerer Luft wohl fühlen und daher auch für ständig bewohnte Zimmer geeignet sind.

Alle Farne brauchen eine hohe Luftfeuchtigkeit. Daher sollte man die Pflanzen stets in Schalen mit feuchten Kieseln stellen oder den Blumentopf in einen größeren Übertopf setzen und den Zwischenraum mit Torf füllen, der dann immer feucht gehalten werden muss. Außerdem sollte man Farne regelmäßig mit lauwarmem, weichem Wasser besprühen, oder auf andere Weise für eine hohe Luftfeuchtigkeit sorgen.

Das richtige Substrat ist ebenfalls sehr wichtig. Da die meisten Farne sich an leichte Walderde mit vermodertem Laub angepasst haben, sollte man sie in ein ähnliches Substrat setzen.

Links: Dank ihrer Größe bildet die Hirschzunge (*Asplenium scolopendrium*) einen wunderschönen Hintergrund für überhängende Pflanzen. Die Farne der Cristatum-Gruppe haben besonders attraktive, verzweigte und zudem stark gekräuselte Wedel.

Die richtige Pflege

Die Grundvoraussetzung für gutes Wachstum Ihrer Farne ist leichtes Substrat, das die Feuchtigkeit hält, aber auch gut durchlässig ist, damit es keine Staunässe gibt. Am besten eignet sich ein Substrat auf Torf- oder Torfersatzbasis, im dem außerdem viel feiner Sand und einige kleine, scharfkantige Steine enthalten sein sollten. Wichtig ist, dass die Erde niemals völlig austrocknet, was bedeutet, dass Farne in einer warmen, trockenen Umgebung täglich leicht gegossen werden müssen.

Farne wachsen in der Natur zwar an feuchten, schattigen Plätzen, doch bedeutet dies nicht, dass sie kein Licht brauchen. An ihren natürlichen Standorten bevorzugen sie Halbschatten; bei zu wenig Licht wachsen sie kaum und ihre Wedel werden gelb. Am besten stellen Sie Ihre Farne in die Nähe eines Fensters, das am Morgen oder Spätnachmittag etwas Sonne bekommt, oder an einen anderen hellen Platz im Zimmer. Vor praller Sonne sollten die Farne in jedem Fall geschützt werden, vor allem im Sommer. Andernfalls bekommen die Wedel schnell braune Ränder und vertrocknen.

Die meisten Farne können im Halbschatten wachsen. Allerdings sollten sie dann immer wieder einmal für eine kurze Zeit an einen hellen Platz gerückt werden. Auch künstliches Licht vertragen sie recht gut; man sollte für die Beleuchtung aber unbedingt Leuchtstofföhren verwenden, da normale Glühbirnen zu viel Hitze erzeugen.

Ebenso wichtig wie Licht und ein geeignetes Substrat ist die Temperatur, die von der Herkunft, aber auch von der Anpassungsfähigkeit des jeweiligen Farns abhängt. Im Allgemeinen mögen Zimmerfarne keine Kälte. Farne aus gemäßigten Breiten gedeihen recht gut bei 10–15°C, bevorzugen also eine Temperatur, die etwas kühler ist als in den meisten geheizten Räumen; Farne aus tropischen und subtropischen Regionen brauchen eine Durchschnittstemperatur von 15–21°C. Die meisten Arten legen im Winter gern eine Ruhephase bei etwas tieferen Temperaturen ein, die aber keinesfalls unter 7°C liegen dürfen. Für viele Farne bedeutet allerdings bereits 10°C das absolute Minimum.

Düngen Sie die Farne im Sommer alle 2–4 Wochen mit einem nicht zu hoch konzentrierten Flüssigdünger. Gelegentlich können Sie auch einige Tropfen Blattdünger ins Sprühwasser geben. Wenn die Farne im Winter ruhen, sollten sie nicht gedüngt werden. Besprühen Sie die Pflanzen so oft wie möglich, damit die Luft um die Wedel feucht bleibt. Bei niedrigen Temperaturen und wenn die Pflanzen in der Sonne stehen, dürfen sie allerdings nicht gesprüht werden.

Topfen Sie Farne im Frühjahr um, jedoch nur, wenn die Wurzeln den Topf völlig ausfüllen. In anderen Fällen schaben Sie einfach die oberste Erdschicht aus dem Topf und ersetzen sie durch neues Substrat. Achten Sie beim Umtopfen oder Einpflanzen von Farnen darauf, dass der Wurzelhals immer frei liegt und passen Sie gut auf, dass die empfindlichen, jungen Wedel nicht beschädigt werden. Wenn Sie Arrangements für Glasgefäße, beispielsweise eine Wardsche Kiste, zusammenstellen, sollten Sie die Anordnung erst auf einem Stück Pappe ausprobieren, damit Sie die Pflanzen nicht ständig in das Gefäß stellen und wieder herausnehmen müssen. Schneiden Sie beschädigte Wedel ab, sodass an ihrer Stelle neue wachsen können.

Große Farne können Sie beim Umtopfen teilen; einige bilden aber auch Ableger, die man abnehmen und einpflanzen kann. Und aus den winzigen Sporen lassen sich ebenfalls neue Farne ziehen. Diese Sporen werden in kleinen Kapseln (Sporangien) gebildet, die Sie als rostbraune Flecken, meist auf der Unterseite der Wedel, finden können. Aus den Sporen entwickeln sich nach der Keimung kleine Prothallien, an denen dann die eigentlichen Farne entstehen. Eine solche Entwicklung kann mehrere Monate dauern. Binden Sie eine Tüte um einen Farnwedel und sammeln Sie darin die Sporen. Ziehen Sie diese dann in feuchter, torfhaltiger Erde in einer Saatschale oder auch auf einem Ziegelstein heran, der in einem Gefäß mit Wasser liegt.

Sterilisieren Sie das Substrat mit kochendem Wasser und verteilen Sie die Sporen mit Hilfe einer Messerspitze, oder legen Sie einen Wedel mit Sporen in die Pflanzschale. Stellen Sie das Gefäß dann in eine Plastiktüte und diese anschließend an einen kühlen, halb schattigen Platz, bis sich kleine Pflanzen entwickelt haben, die dann einen eigenen Topf bekommen.

Links: *Adiantum raddianum* besitzt zahlreiche verzweigte Wedel mit hellgrünen Fiedern. Die Sorte 'Fragrantissima' hat angenehm duftende Wedel.
Rechts: Jungpflanzen von *Blechnum gibbum* (Höckriger Rippenfarn) können dadurch ausreichend feucht gehalten werden, dass man ihren Topf in einen Übertopf mit Torf stellt. Dieser, ein wenig an eine Palme erinnernde Farn kann recht groß werden.

wellte Wedel besitzen, lassen sich gut mit glatten und dunkleren Blättern kombinieren, zu denen sie einen schönen Kontrast bilden. Im Winter sollte die Art vor direkter Sonne geschützt werden.

Blechnum (Rippenfarn)
Die am Boden wachsenden Rippenfarne, die an geschützten Standorten in gemäßigten und tropischen Regionen vorkommen, benötigen ein saures Substrat. *B. chilense* (syn. *B. cordatum, B. magellanicum*) hat dunkelgrüne, gefiederte Wedel, die bis zu 1 m lang werden; die Pflanze selbst wird bis zu 1,8 m hoch. *B. gibbum* (syn. *Lomaria gibba*) hat leuchtend grüne, bis zu 1 m lange, in einer Rosette angeordnete Wedel.

Cyrtomium falcatum (Sichelfarn)
Dieser ungewöhnliche Farn hat sichelförmige Wedel mit glänzenden, lederartigen Fiederblättern. Er wird 50–60 cm hoch und breit und wächst am besten bei nicht zu hohen Temperaturen und gedämpftem Licht. Soll er in einem Raum mit mehr als 21°C stehen, müssen Sie unbedingt für eine möglichst hohe Luftfeuchtigkeit sorgen.

Davallia (Büchsenfarn)
D. canariensis hat dreieckige, tief eingeschnittene Wedel und attraktive, über der Erdoberfläche wachsenden, braune, weich behaarte Rhizome; *D. fejeensis* besitzt mittelgrüne, fein zerteilte Wedel. Stellen Sie diese Farne an einen hellen bis halb schattigen Platz, an dem sie vor direkter Sonneneinstrahlung geschützt sind; im Winter

ARTEN UND SORTEN

Adiantum (Frauenhaarfarn)
Der immergrüne *A. capillus-veneris* (Echter Frauenhaarfarn) hat hellgrüne, überhängende Wedel mit fächerförmigen Fiedern. Die Pflanze wird bis zu 30 cm hoch und etwa 40 cm breit. *A. raddianum* (syn. *A. cuneatum*) besitzt schwarze Stiele und dreieckige Wedel mit rundlichen Fiederblättern. Von dieser sehr variablen Art stammen zahlreiche Zuchtformen ab, darunter die relativ großen 'Fragrantissimum' und 'Lawsoniana' mit dreieckigen Wedeln. Frauenhaarfarne bevorzugen Halbschatten und neutrales bis leicht saures Substrat.

Asplenium (Nestfarn)
A. bulbiferum besitzt bis zu 1 m lange und ungefähr 25 cm breite Wedel. Die Art bevorzugt einen halb schattigen Platz und benötigt im Winter Temperaturen von mindestens 10°C. Die Vermehrung erfolgt durch kleine, an den Wedeln sitzende Adventivknospen, aus denen nach dem Herabfallen auf den Boden neue Pflanzen entstehen können. *A. nidus* (Nestfarn) ist eine epiphytisch (auf anderen Pflanzen) wachsende Art mit leuchtend grünen, bis zu 1 m langen Wedeln. Sie stehen fast aufrecht und bilden auf diese Weise einen breiten, ausladenden Trichter. *A. scolopendrium* (syn. *Phyllitis scolopendrium, Scolopendrium vulgare;* Hirschzunge) besitzt kurze, behaarte, schuppige Stiele. Die Wedel sind leuchtend grün und bis zu 40 cm lang. Die Zuchtformen der Crispum-Gruppe, die hellgrüne, hübsch ge-

Rechts: *Asplenium nidus* (Nestfarn) eignet sich mit seinen breiten, glänzenden, etwa 10 cm breiten und 45 cm langen Wedeln gut als Tischschmuck.

Unten: *Cyrtomium falcatum* 'Rochfordianum' ist nicht so empfindlich gegenüber trockener Luft ist wie andere Farne. Dennoch sollte auch er auf einen Untersatz mit feuchten Kieseln gestellt werden.

ist eine Mindesttemperatur 10–15°C erforderlich.

Zu dieser Gattung gehört auch einer der schönsten Zimmerfarne. Gemeint ist *N. exaltata* 'Bostoniensis', dessen breite, lanzettförmige Wedel anmutig gebogen sind. Es gibt aber auch noch andere hübsche Sorten, darunter 'Mini Ruffle', die nur 5 cm hoch und 8 cm breit wird oder 'Golden Boston' (syn. 'Aurea'), die ähnlich wie die oben erwähnte 'Bostoniensis' aussieht, aber gold-gelbe Wedel besitzt. Die Wedel der Sorte 'Whitmanii', die bis zu 45 cm lang werden können, haben vergleichsweise kleine Fiederblätter; *N. cordifolia* (Knolliger Schwertfarn) bildet fast aufrecht stehende, bis zu 60 cm lange Wedel. Alle Arten und Sorten dieser Gattung benötigen einen hellen Platz ohne direkte Sonne, eine Mindesttemperatur von 13–16°C und ein möglichst nähr-stoffreiches Substrat.

Pellaea rotundifolia (Pellefarn)
Dieser, aus Neuseeland stammende Farn hat dunkelgrüne, bis zu 30 cm lange, ein- oder mehrfach gefiederte, lederartige Wedel, die an drahtigen Stängeln sitzen. Er wird 25–30 cm hoch und ungefähr 40 cm breit. Für gutes Wachstum sind helles Licht ohne direkte Sonne und eine Wintertemperatur von 10–13°C erforderlich.

Platycerium (Geweihfarn)
Diese Gattung umfasst eine Reihe großer, normalerweise epiphytisch wachsender Farne. Einer von ihnen ist *P. alcicorne*. Er wird bis zu 80 cm hoch und breit und bildet nierenförmige, mittelgrüne Wedel. *P. bifurcatum,* der manchmal auch als *P. alcicorne* im Handel ist, hat glänzende, grüne Wedel mit tiefen Ausbuchtungen. Er wird fast 1 m hoch und etwa 80 cm breit. *P. superbum* (syn. *P. grande*) hat graugrüne, tief gelappte Wedel. Bei dieser Art handelt es um einen riesigen Farn, der bis zu 1,8 m hoch und 1,5 m breit werden

kann. Der geeignete Platz für einen Geweihfarn ist eine schattige Ecke.

Polystichum (Schildfarn)
Einige Arten in dieser Gattung sind vollkommen winterhart, sodass man sie auch in den Garten pflanzen kann. Steht ein kühler Raum zur Verfügung, lassen sich einige aber auch als Zimmerpflanzen halten. *P. setiferum* besitzt elegant gebogene, dunkelgrüne, doppelt gefiederte Wedel; die Sorten der Actutilobum-Gruppe bilden an der Oberseite der

Links: Wenn ein größerer Farn, beispielsweise *Polystichum tsussimense* allein auf einem Tisch steht, wirkt der Untergrund oft kahl. Ein kriechender Efeu und ein leuchtend blauer Topf sorgen da für Abhilfe.

Oben: Der beliebte *Platycerium bifurcatum* (Geweihfarn) ist ein Epiphyt, der nicht unbedingt einen Topf benötigt.

Rechts: Diese panaschierte *Pteris cretica* var. *albolineata* steht in einem weißen Blumentopf, der nicht von den hübschen gekräuselten Wedeln ablenkt.

Wedel winzige Jungpflanzen aus. *P. tussimense* stammt aus China und Japan. Er hat breite, dunkelgrüne, bis zu 30 cm lange, spitz zulaufende Wedel mit nadelartigen Fiederblättern. Die Art kann etwa 40 cm hoch und breit werden. Welke Wedel sollte man bei allen Schildfarnen regelmäßig entfernen.

Pteris (Saumfarn)

Arten dieser Gattung sind in tropischen und subtropischen Wäldern auf der ganzen Welt zu Hause. Besonders hübsch ist *P. argyraea* mit einem silberweißen Streifen in der Mitte eines jeden Fiederblattes. Seine Wedel werden bis zu 60 cm lang; die Pflanzen selbst können 1 m hoch und breit werden. Die bekannteste Art der Gattung *Pteris* ist *P. cretica* (Kretischer Saumfarn) mit seinen schmalen, bandförmigen oder lanzettlichen Fiederblättern. Seine hellgrünen Wedel werden etwa 60 cm lang; die Pflanze selbst wird bis zu 75 cm hoch und 60 cm breit. *P. cretica* var. *albolineata* hat einen breiten, weißen Längsstreifen in der Mitte eines jeden Fiederblattes. Von *P. cretica* gibt es eine Reihe von Sorten, darunter 'Mayi' mit gegabelten Fiedern und einem graugrünen Mittelstreifen; die kompakte 'Wimsetti' besitzt breite, tief eingeschnittene Fiederblätter. *P. tremula* (Zitternder Saumfarn) stammt aus Australien und Neuseeland. Er wird 1,5 m hoch und 1 m breit und hat mehrfach gefiederte Wedel. Der Saumfarn eignet sich für helle und halb schattige Standorte ohne direkte Sommersonne. Die Erde muss stets leicht feucht sein; außerdem ist eine möglichst hohe Luftfeuchtigkeit notwendig. Die Temperatur sollte im Sommer 10–18°C betragen und im Winter nicht unter 7°C fallen.

BROMELIEN

Die typische Zimmerbromelie ist eine ananasähnliche Pflanze mit einer Rosette aus großen fleischigen Blättern, aus deren Mitte oft eine exotische Blüte in leuchtenden Farben wächst. Durch die Anordnung der Blätter entsteht bei vielen Bromelien im Zentrum eine Art „Zisterne", in der sich Regenwasser sammelt. Eine andere Gruppe unter den Bromelien, die so genannten Tillandsien, haben oft sehr kleine und unscheinbare Blätter, dafür aber auffallend schöne Blüten.

Die Wurzeln der Bromelien dienen lediglich dazu, die Pflanze an einer Unterlage, beispielsweise einem Ast zu verankern, haben also nicht die Aufgabe, dem Boden Nährstoffe und Wasser zu entziehen. Beides entnehmen die Pflanzen der Luft und haben dazu viele besonders saugfähige Schuppen auf den Blättern, die ein wenig wie Mehl oder Schorf aussehen. Dank

dieser Spezialisierung gedeihen Bromelien auch noch ganz hervorragend in Töpfen, die für andere Pflanzen vergleichbarer Größe viel zu klein wären. Dabei sehen besonders die großen Bromelien mit langen Blättern, etwa *Ananas* spp., *Aechmea* spp. und *Vriesea* spp. in einem Topf sehr attraktiv aus, sie fühlen sich aber auch in einer Blumenampel recht wohl.

Auch unter den Tillandsien gibt es Arten und Sorten, die sich gut in Töpfe oder Hängekörbe pflanzen lassen. Die größeren, graublättrigen Tillandsien eignen sich gut für eine Ampel, weil sie häufig überhängende Blätter haben, leicht sind und nicht gegossen werden müssen. Da Tillandsien kein herkömmliches Substrat benötigen, kann man viele aber auch aufbinden. So sehen Tillandsien beispielsweise ganz besonders attraktiv aus, wenn man sie auf einem Ast

oder einem großen Stein wachsen lässt.

Viele Bromelien eignen sich aber auch gut zum Bepflanzen offener Flaschen und anderer Glasbehälter.

Oben: Die Blätter von *Neoregelia carolinae* f. *tricolor* haben hübsche beigefarbene Streifen. Während der Blüte läuft die Pflanze rosa an und behält diese Farbe dann für mehrere Monate.
Rechts: Unterschiedliche Tillandsien, die zwischen Kieselsteine, in eine Muschel und auf Äste gepflanzt wurden. Die meisten Tillandsien kommen in einfachen Töpfen und in einer schlichten Umgebung am besten zur Geltung.

Die richtige Pflege

Die meisten der ananasartigen oder trichterbildenden Bromelien leben im feuchten Klima der mittel- und südamerikanischen Regenwälder. An Trockenheit angepasste Bromelien wie *Fascicularia* und *Cryptanthus* (Versteckblüten) wachsen dagegen auf dem Boden, wobei sie sich besonders an feuchte Küstenbiotope oder die unwirtlichen Hänge hoher Gebirgsketten angepasst haben. Von bestimmten Tillandsien abgesehen, die in Blumentöpfen überhaupt nicht wachsen, sollte man Zimmerbromelien in Töpfe pflanzen, die eigentlich zu klein für sie sind. Dort brauchen sie ein gut durch-

Ganz links: *Ananas comosus* (Ananas) wird hauptsächlich wegen der attraktiven Blätter gepflegt, die einen stacheligen Rand aufweisen. *A. comosus* 'Variegatus' verdankt ihre Beliebtheit hauptsächlich der kompakten Wuchsform und dem hübschen beige-farbenen Streifenmuster.
Links: Die größeren, graublättrigen Tillandsien eignen sich ausgezeichnet für Ampeln, denn dort kommen ihre gebogenen Blätter besonders gut zur Geltung.

lässiges, stark faser- oder torfhaltiges, nach Möglichkeit kalkfreies Substrat mit ein wenig Holzkohle.

Bezüglich der Feuchtigkeit haben Bromelien ganz spezielle Ansprüche. Alle sollten unbedingt regelmäßig mit lauwarmem, kalkfreiem Wasser besprüht werden (für Tillandsien, die nicht in Töpfen wachsen, ist das sogar lebensnotwendig). Viele Topfbromelien bilden eine Blattrosette mit einem Wasserspeicher in der Mitte. Diese Zisternen oder Trichter sollten Sie regelmäßig mit frischem, weichem, lauwarmem Wasser füllen. Wechseln Sie die Flüssigkeit ab und zu aus und gießen Sie das Substrat nur mäßig.

Alle Bromelien sind tropische oder subtropische Pflanzen, mit denen man sich eine ganz besondere Atmosphäre in die Wohnung holen kann. Im Allgemeinen benötigen sie eine hohe Luftfeuchtigkeit und Temperaturen von 13–15°C; während ihrer Hauptwachstumsphase im Sommer sogar um die 20°C. Wenn Sie überprüfen wollen, ob die Luft auch warm genug ist, können Sie das recht einfach dadurch feststellen, dass Sie das Wasser in der Blattzisterne von Zeit zu Zeit überprüfen. Verdunstet es nicht, ist die Temperatur zu niedrig.

In der Natur beziehen Bromelien ihre Nährstoffe aus winzigen organischen Bestandteilen, die in der Luft enthalten sind; sofern eine Blattzisterne vorhanden ist, werden auch Nährstoffe genutzt, die in das dort gespeicherte Wasser fallen und vermodern. In der Wohnung sollten Bromelien alle sechs bis acht Wochen einen gut ausgewogenen Dünger bekommen, der zur Hälfte verdünnt wurde. Diesen Dünger können Sie auch gelegentlich in das Wasser geben, mit dem Sie die Pflanzen besprühen oder das Sie in die Blattzisterne gießen. Wie die meisten Blütenpflanzen brauchen auch Bromelien während der Hauptwachstumsphase oder wenn sie Knospen ansetzen mehr Wasser als während des restlichen Jahres. Damit die Luft möglichst feucht ist, sollten Sie die Pflanzen in eine Schale mit nassen Kieseln stellen, was zudem auch noch sehr hübsch aussieht. Wichtig ist aber auch, das Besprühen möglichst regelmäßig durchzuführen.

Die Hauptwirkung erzielen die meisten Bromelien durch ihre ansprechende Form und die attraktiven Blätter. Viele bilden aber auch hübsche Blütenköpfe, die normalerweise aus bunten Hochblättern und eher kleinen, unauffälligen Blüten bestehen. Machen Sie sich darauf gefasst, dass Sie bis zur Blüte einige Zeit warten müssen, denn viele Bromelien blühen erst, wenn sie ein bestimmtes Alter erreicht haben. Nach der Blüte sterben viele Pflanzen ab, allerdings erst, nachdem sie zuvor noch Ableger gebildet haben, aus denen Sie zumeist ohne größere Schwierigkeiten neue Exemplare heranziehen können.

ARTEN UND SORTEN

Abromeitiella brevifolia

Diese südamerikanische Art, die
früher *A. chlorantha* genannt wurde,
ist auch heute noch häufig unter
diesem Namen im Handel zu finden.
Die Rosetten bildenden, bis zu 15 cm
langen, spitz zulaufenden, fast dreieckigen Blätter, haben einen stacheligen Rand, und da die Pflanzen
im Laufe der Zeit zumeist stark in
die Breite wachsen, sollte man sie
gleich in eine große Schale und nicht
in einen „normalen" Blumentopf
pflanzen. Im Sommer bilden ältere
Exemplare oft grünliche Blüten.

Aechmea (Lanzenrosette)

Die Arten dieser Gattung haben
bandförmige Blätter, die gemeinsam
einen großen, becherförmigen Wasserspeicher bilden. Um die Mutterpflanze entstehen häufig Ableger,
die Sie abnehmen und neu einpflanzen können, wenn sie eine
Höhe von ungefähr 15 cm erreicht
haben. *A. chantinii* hat wunderschön
gezeichnete Blätter mit einem
stacheligen Rand; die Blüten sind
orangegelb.
Die bekannteste Art ist vermutlich
A. fasciata. Sie bildet kräftige, breite,
gebogene, blaugrüne Blätter, die
aussehen, als seien sie mit einem
silberweißen Pulver bestäubt. Ältere
Pflanzen haben bis zu 50 cm lange
und mehr als 5 cm breite Blätter;
ihre dichten, pyramidenförmigen
Blütenrispen, die sich mehrere
Monate halten, bestehen aus rosafarbenen Hochblättern sowie winzigen blauen Blüten. Wenn ein
Exemplar verblüht ist, stirbt es
allerdings ab. Solange die Luft
ausreichend feucht ist, verträgt die
Pflanze im Sommer Temperaturen
von bis zu 26°C; im Winter sollte die
Temperatur nicht unter 15°C fallen.
Bei *A. fulgens* entwickeln sich aus
den blauen Blüten kleine, rote, gestielte Früchte. Die Art hat dunkel-

Links: *Aechmea fasciata* ist eine beeindruckende Solitärpflanze mit kräftigem Wuchs und blassblau schimmernden Blütenköpfen.

Rechts: *Ananas comosus* wird wegen der schmackhaften Früchte in großem Maßstab angebaut. Man kann die Art aber auch als Zierpflanze halten.

Rechts unten: Die Blätter von *Cypranthus* spp. (Versteckblüte) haben einen gewellten Rand und oft auch andersfarbige Streifen.

grüne Blätter mit einem stacheligen Rand und wird bis zu 50 cm hoch und 40 cm breit; die Blätter von *A. fulgens* var. *discolor* sind auf der Unterseite purpurrot.

Ananas (Ananas)

Ananaspflanzen bilden zwar auch bunte Blütenähren und in einem Gewächshaus sogar Früchte, doch die meisten Menschen pflegen sie wegen ihrer auffälligen stacheligen Blätter. Dies gilt auch für *A. bracteatus,* die im Sommer rote und gelbe Blütenähren hervorbringt. Die Sorte 'Tricolor' (syn. *A. bracteatus* 'Striatus') hat hübsche, gelb gestreifte Blätter mit einem stacheligen Rand. Die Art *A. comosus* (Ananas), die wegen ihrer Früchte kommerziell angebaut wird, können Sie leicht selbst für Ihre Wohnung heranziehen. Schneiden Sie dazu das obere Stück einer Frucht ab und lassen Sie es ein paar Tage liegen, bis sich ein Kallus gebildet hat. Danach pflanzen Sie es in gut durchlässige Erde. Unter günstigen Bedingungen können Ananaspflanzen bis zu 1 m hoch und 50 cm breit werden. *A. comosus* var. *variegatus* besitzt eine kompakte Form mit hübschen Blättern, die vor allem durch ihren beigefarbenen Rand auffallen. *A. nanus* ähnelt *A. comosus*, bleibt jedoch deutlich kleiner, denn sie wird nur etwa 45 cm hoch und 60 cm breit.

Billbergia (Billbergie)

Bei den pflegeleichten Billbergien entspringen einer Blattrosette fantastisch aussehende Blütenköpfe. Zwar stirbt die Blattrosette nach der Blüte ab, aber da jedes Exemplar gleichzeitig mehrere Rosetten in verschiedenen Entwicklungsstufen ausbildet, lässt sich der Verlust verschmerzen.

Zu den beliebtesten Billbergien gehört *B. nutans* (Zimmerhafer), deren graugrüne, manchmal rot überlaufene Blätter eine trichterförmige Rosette bilden. Im Sommer erscheinen bei älteren Exemplaren gelbe, rosa und grüne, von roten Hochblättern umgebene Blüten an gebogenen Stängeln.

B. x windii hat mittelgrüne, in sich gedrehte Blätter, die eine röhrenförmige Rosette bilden. Im Spätsommer bringt sie an gebogenen Stängeln grüngelbe Blüten mit rosaroten Deckblättern hervor.

Cryptanthus (Versteckblüte)

Die Versteckblüte gehört zu den kleineren Bromelien, die hauptsächlich wegen der gestreiften, fein gezähnten Blätter gepflegt werden, die eine typische Rosette bilden. Pflanzen dieser Gattung brauchen im Sommer normale Zimmertemperatur, im Winter möglichst konstante 15°C. Viele Arten lassen sich auch gut in einer Glasvitrine halten.

C. bivittatus ist die beliebteste Art aus dieser Gruppe. Ihre grün und rosagelb gestreiften Blätter, die einen gewellten und gezähnten Rand haben, werden 10–15 cm lang. *C. bromelioides* bildet ebenfalls lange gebogene Blätter mit einem fein gezähnten und gewellten Rand. *C. bromelioides* var. *tricolor* ist

größer und hat hübsche olivgrüne Blätter mit weißen und rosafarbenen Längsstreifen. *C. fosterianus* besitzt rotbraune Blätter mit grauen Streifen, die ein wenig an die Schwanzfedern eines Fasans erinnern. *C. zonatus* hat fein gezähnte grünbraune Blätter mit ebenfalls attraktiven, grauen Streifen.

Dyckia

Zu dieser südamerikanischen Gattung gehört eine Reihe hübscher, Rosetten bildender Arten. Eine davon ist *D. fosteriana* mit ihren wunderschönen silbergrauen, gezähnten Blättern, die sich zurückbiegen und dabei eine ausladende, etwa 20 cm hohe und 12 cm breite Rosette bilden.

D. remotiflora besitzt dunkelgrüne Blätter mit dornigen Widerhaken am Rand. Sie wird bis zu 30 cm hoch und 50 cm breit und bildet im späten Frühjahr hübsche orangefarbene Blüten.

tea) bilden die bis zu 60 cm langen, spitz zulaufenden, silbergrauen Blättern mit einem gezähnten Rand eine typische Rosette. Es handelt sich um eine sehr eindrucksvolle Art, die bis zu 1 m hoch und breit werden kann. *H. epigyna* hat leuchtend grüne, bis zu 45 cm lange Blätter mit kleinen weißen Zähnen am Rand. Bei dieser Art können die Rosetten einen Durchmesser von bis zu 60 cm haben.

Neoregelia (Neoregelie)
Die beliebteste Neoregelie ist sicher *N. carolinae* (syn. *Aregelia carolinae*, *Nidularium carolinae*). Sie hat mittelgrüne, leicht kupferrot überlaufene Blätter, die eine große offene Rosette bilden. Wenn die Pflanze anfängt zu blühen, verfärbt sich die Rosette in der Mitte zumeist rot. Die Blätter von *N. carolinae* f. *tricolor* haben auffällige, beige- und rosafarbene Längsstreifen. Vor der Blüte läuft die ganze Pflanze von der Mitte aus rot an und behält diese Farbe häufig mehrere Monate lang. Der zumeist nur kurze Blütentrieb entsteht in der Mitte der Blattrosette.

Die Art *N. spectabilis* besitzt grüne Blätter mit einer roten Spitze, die sich in der Mitte normalerweise braunviolett verfärben. Die blauen Blüten sitzen zwischen grünen, purpurrot gestreiften Hochblättern.

Nidularium (Nestrosette)
N. fulgens (syn. *Guzmania picta*) ist ein immergrüner, mehrjähriger Epiphyt mit bandförmigen, dornig gezähnten, glänzend grünen Blättern, die eine ausladende, bis zu 60 cm große Rosette bilden. Ihre im Sommer erscheinenden, weißen bis purpurfarbenen Blüten sind von leuchtend roten Hochblättern umgeben. *N. innocentii* bildet eine dichte Rosette aus kurzen, bandförmigen Blättern, die sich rot verfärben, bevor die Pflanze blüht. Außen ist die Rosette von längeren und breiteren grünlichen Blättern umgeben.

Tillandsia (Tillandsie)
Diejenigen Arten, die sich gut in Blumentöpfen halten lassen, haben lange, grasartige Blätter und ungewöhnliche, zumeist sehr hübsch aussehende Blüten aus sich überlappenden Deckblättern. Viele Arten bleiben mit 23–45 cm relativ klein, etwa *T. cyanea,* die leuchtend rosafarbene Blüten bildet.

Fascicularia
Diese Pflanzen stammen in der Mehrzahl aus Chile. *F. bicolor* (syn. *F. andina*) hat bis zu 45 cm lange Blätter mit einem gezähnten Rand; zur Blütezeit verfärben sich die inneren Blätter leuchtend rot. *F. pitcairniifolia* besitzt blaugrüne, etwas ins Graue gehende Blätter, die bis zu 1 m lang werden können. Zur Blütezeit nehmen die inneren Blätter um die purpurblauen Blütenköpfe eine leuchtend rote Farbe an.

Guzmania (Guzmanie)
G. ingulata ist die am weitesten verbreitete Art dieser Gattung. Sie hat relativ schmale, bis zu 50 cm lange, grüne Blätter und Blütenköpfe aus flammend roten Hochblättern.

G. sanguinea bildet nahezu flache Rosetten mit bis zu 40 cm langen, dunkelgrünen Blättern aus, die zur Blütezeit normalerweise gelb, rot und orange überlaufen sind. Die von leuchtend roten Hochblättern umgebenen Blüten können gelb, grün oder weiß sein. Die Art wird etwa 20 cm hoch und 35 cm breit. Die Wintertemperatur sollte bei allen Arten 10–15°C nicht unterschreiten.

Hechtia
Diese Bromelien stammen aus dem Süden der USA und Mittelamerika. Bei *H. argentea* (syn. *Dyckia argen-*

Links: *Vriesea hieroglyphica*
bildet eine Rosette aus gelb-
grünen Blättern, deren Unterseite ein unregelmäßiges
dunkelgrünes und purpur-
rotes Muster aufweist.
Oben: *Neoregelia carolinae*
'Flandria' besitzt besonders
breite Blätter mit creme-
farbenen Streifen.
Rechts: *Tillandsia flabellata*
ist eine grünblättrige Tilland-
sie, die man normalerweise
in einen Blumentopf pflanzt.
Ihre langen, spitz zulaufenden Blätter verfärben sich
manchmal rötlich.

Alle Tillandsien bevorzugen im Sommer vergleichsweise hohe Temperaturen von bis zu 27˚C, im Winter
sollte die Temperatur nicht unter
10–15˚C fallen. Es gibt aber auch
sehr robuste Arten, die sogar einen
Abfall auf 5˚C noch überleben.
Zu denjenigen Tillandsien, die auch
ohne Topf wachsen können, gehören: *T. circinnatoides* mit ihren
20–45 cm langen, spiralenförmigen
Blättern; die 8–10 cm große
T. ionantha, mit Rosetten aus line-
alischen, nach innen gedrehten,
silbergrauen Blättern, die vor der
Blütezeit rot anlaufen, und bläulich-
violetten Blüten, die zwischen weißen Deckblättern sitzen; *T. gemini-
flora*, die rosafarbene Deckblätter
und winzige lila Blüten besitzt und
15–20 cm hoch wird, sowie die bis
zu 13 cm große *T. ixioides* mit ihren
schmalen gelben Blütenköpfen.

Vriesea (Vriesee)
Diese Pflanzen sind nah mit den
Tillandsien verwandt. Sie werden in
erster Linie wegen ihrer schönen
bandförmigen Blätter gepflegt, die
normalerweise trichterförmige Rosetten bilden. *V. fenestralis* besitzt
gelblichgrüne Blätter mit dunkelgrünen Flecken auf der Ober- und rötlich purpurroten Flecken auf der Unterseite. Die Pflanzen werden bis zu
1 m hoch und 50 cm breit. Die gelblich grünen Blätter von *V. hieroglyphica*, die bis zu 60 cm lang und
10 cm breit werden können, weisen
purpurrote Flecken auf. Die einzelnen Rosetten sind häufig bis zu 1 m
hoch und breit. *V. splendens* bildet
an bis zu 60 cm langen Trieben, die
einer Rosette dunkelgrüner, gestreif-

ter, etwa 40 cm langer Blätter entspringen, Trauben aus leuchtend
roten, sich überlappenden Deckblättern. Nach der Blüte stirbt die
Blattrosette langsam ab. Die Art benötigt eine Temperatur von bis zu
27˚C und eine hohe Luftfeuchtigkeit;
im Winter sollte die Temperatur
nicht unter 15˚C fallen. Besonders
während der Wachstumsphase
muss reichlich mit weichem Wasser
gegossen werden.

6 KAKTEEN & SUKKULENTEN

Viele Menschen sind geradezu verrückt nach Kakteen und es lohnt auch wirklich, sich diese Pflanzen ins Haus zu holen. Kakteen lassen uns zumeist an die Wüste denken, und tatsächlich wachsen viele von ihnen in den Wüstenregionen Mittel- und Südamerikas. Andere kommen aber auch aus nördlicheren Regionen, etwa aus Kanada, und einige stammen aus Regenwäldern. Ebenso wie Bromelien, wachsen viele Kakteen epiphytisch, also auf anderen Pflanzen, etwa Bäumen.

Wüstenkakteen können lange Zeit ohne Regen überleben, denn sie gewinnen die benötigte Flüssigkeit aus Tau oder Nebel, um diese dann – zusammen mit Nährstoffen – in ihrem Gewebe zu speichern. Botanisch gesehen zeichnen sich Kakteen vor allem durch ihre typischen „Areolen" aus, also durch stark reduzierte Kurztriebe, die vielfach mit dichtem Haarfilz oder mit Dornen besetzt sind und an denen sich auch Blüten und Ableger entwickeln. Typisch ist aber auch, dass alle Kakteen – mit Ausnahmen der Gattung *Pereskia* – keine Blätter besitzen. Die später behandelten Sukkulenten ähneln im engeren Sinne den Kakteen in vielerlei Hinsicht, sie besitzen aber keine Areolen.

Weil ein Kaktus keine Blätter hat, speichert er Nährstoffe und Wasser in seinem Spross, der botanisch gesehen eigentlich ein Stängel ist. Der Spross ist normalerweise kugel- oder zylinderför-

mig; beim Feigenkaktus *(Opuntia)* besteht er zumeist aus ovalen abgeflachten Segmenten. Blattkakteen haben dagegen flache, riemenförmige Triebe, die ebenfalls in Segmente unterteilt sein können. Viele Kakteen besitzen außerdem kräftige Dornen oder sie sind wollig behaart. Genau betrachtet hat sogar jeder Kaktus Dornen, auch wenn diese oft klein und unauffällig sind. Weniger bekannt ist dagegen, dass Kakteen ganz normale Blütenpflanzen sind, die bei guter Pflege regelmäßig blühen.

Das Wort sukkulent bedeutet eigentlich saftreich und bezieht sich auf die verdickten Sprosse, in denen „Saft" – nämlich Wasser und Nährstoffe – gespeichert werden. Diese Reserven ermöglichen es vielen Sukkulenten unter oft unwirtlichen Bedingungen zu überleben. Außerdem sind die Sprosse vieler Arten von einer wachsartigen Schicht überzogen, die ihr Gewebe vor übermäßigem

Links: Eine sorgfältig zusammengestellte Kakteengruppe bietet einen faszinierenden Anblick. Hier wachsen Kakteen neben Opuntien, die man an ihren abgeflachten Segmenten erkennen kann.
Oben: Wenn Sie miteinander verwandte Pflanzen in ähnlich aussehende Blumentöpfe setzen, wirkt die Gruppe einheitlicher.

Flüssigkeitsverlust schützt. Eine große Zahl von Sukkulenten können Sie auch in der Wohnung ziehen, wobei einige von ihnen sogar zu den besonders pflegeleichten Pflanzen gehören. Daher eignen sie sich auch ganz ausgezeichnet für Anfänger, Kinder und Menschen, die häufig unterwegs sind. Allerdings muss man sich auch bei Sukkulenten genau über die Eigenheiten und Bedürfnisse der Pflanze informieren, damit ihre Aufzucht gelingt.

Links: Viele Kakteen haben attraktive, dornenbewachsene Rippen. Ein Beispiel ist *Parodia claviceps* mit seinen goldgelben Dornen, die auf kleinen, spiralig angeordneten Warzen sitzen.

Rechts oben: *Epiphyllum* 'Reward' ist ein Waldkaktus mit hübschen Blüten. Da diese Dschungelpflanzen sich gut kreuzen lassen, gibt es viele Zuchtformen.

Rechts unten: Eine Schale mit kleinen Kakteen eignet sich hervorragend für einen sonnigen Standort. Die ersten drei bis vier Jahre müssen Sie etwas Geduld aufbringen, aber dann beginnen viele Kakteen ganz plötzlich zu blühen.

Die richtige Pflege

Kakteen und Sukkulenten sind immer einen zweiten Blick wert. Es gibt atemberaubend schöne Arten, beispielsweise *Nopalxochia ackermanii* oder großblütige Blattkakteen, aber auch etwas merkwürdig anmutende und dennoch sehr attraktive Pflanzen, beispielsweise den Seeigelkaktus *(Astrophytum asterias)* oder das lang behaarte Greisenhaupt *(Cephalocereus senilis)*, die alle eigentlich noch weiter verbreitet sein sollten. Dass dies nicht der Fall ist, liegt vermutlich daran, dass ihre Bedürfnisse oft nicht verstanden werden. So dürfen Kakteen und Sukkulenten keinesfalls so häufig gegossen werden wie andere Pflanzen, weil sie

sonst schnell verfaulen. Wichtig ist aber auch ein heller Standort, frische Luft und eine kühle, trockene Ruhephase im Winter.

Waldkakteen haben oft hängende Sprosse und große Blüten, sodass sie sich hervorragend für Ampeln eignen. Die interessante Form und das besondere Aussehen der in Wüsten heimischen Arten kommt dagegen in einer Gruppe oft sehr viel besser zur Geltung, denn auf diese Weise werden Gemeinsamkeiten und Unterschiede besonders deutlich. Hübsch sieht beispielsweise eine Gruppe kleiner Kakteen oder Sukkulenten in einer gemeinsamen Schale aus. Größere Exemplare, etwa eine Aloe oder Agave, wirken dagegen eindrucksvoller, wenn man sie einzeln in

einem Blumentopf pflanzt. Dies gilt auch für ungewöhnlich aussehende Arten, etwa den Sonnenkaktus *(Heliocereus speciosus)*.

Als Gefäß für einen Kakteengarten kann jede große, flache Schale dienen. Darin können Sie beispielsweise Wüstenkakteen und kleine Sukkulenten arrangieren, denn diese Pflanzen haben ähnliche Wachstums- und Pflegebedingungen. Da sie alle sehr viel Licht benötigen, sollten Sie zunächst einen möglichst hellen Standort in der Wohnung aussuchen und das Gefäß in Form und Größe dann so auswählen, dass es auch an diesen Platz passt. Setzen Sie die Pflanzen relativ dicht zusammen – aber gehen Sie dabei möglichst planvoll vor, damit die Gruppe später nicht wirkt, als sei sie ohne Sinn und Verstand gepflanzt worden. Wählen Sie Pflanzen verschiedener Form und Größe aus und bedecken Sie das Substrat des Gefäßes anschließend mit einer Schicht aus feinem Kies, denn so

bekommen die Kakteen nicht nur einen hübschen, sondern auch ausreichend trockenen Untergrund. Oft lässt sich die Wirkung noch durch glänzende Kiesel verstärken, die man zwischen den Pflanzen verteilt.

Auch in einer Reihe gut zusammenpassender Blumentöpfe sehen Kakteen zumeist sehr hübsch aus. So kommen beispielsweise die Zuchtformen von *Gymnocalycium mihanovichii*, die stets die gleiche Form, aber eine unterschiedliche Färbung haben, in einem solchen Arrangement besonders schön zur Geltung.

Die meisten Kakteen und Sukkulenten brauchen so viel Licht wie nur möglich, sodass sie sich gut für sonnige Fensterbretter eignen. Diesen Lichthunger können Sie in der Form nutzen, das Sie Regale quer vor einem sonnigen Fenster anbringen und Kakteen in hübschen Blumentöpfen darauf stellen. Sie können die Töpfe aber auch in einem flachen Korb oder auf einem hübschen Tablett arrangieren. Drehen Sie die Pflanzen häufig, sodass alle Seiten ausreichend Licht bekommen. Auf einem breiten, sonnigen Fensterbrett können Sie auch eine größere Gruppe aus verschiedenen, kleinen Kakteen pflegen.

Es ist verblüffend, wie viele Zimmerkakteen es gibt. Selbst kleinere Gartencenter haben normalerweise eine große Auswahl. Einige Arten – beispielsweise die in Wäldern heimischen *Hatiora rosea* (Osterkaktus) und *Schlumberga x buckleyi* (Weihnachtskaktus) – sind zur jeweiligen Jahreszeit sogar in Kaufhäusern erhältlich. Am besten erwerben Sie Kakteen, die bereits blühen, weil Sie sonst häufig mehrere Jahre warten müssen, bis die Pflanzen alt genug sind, um ihre hübschen Blüten zu bilden.

Oben: *Echinopsis chamaecereus* hat zahlreiche kurze Sprosse. Im Frühjahr und Sommer bringt er eine Fülle leuchtend roter Blüten hervor.
Links: *Astrophytum capricorne* hat dunkle, gedrehte Dornen (links); *A. myriostigma* (Bischofsmütze) ist von silberweißen Schuppen bedeckt (rechts).
Rechts: Mit seinen langen Dornen und klaren Konturen ist *Cereus uruguayanus* ein typischer Wüstenkaktus.

WÜSTENKAKTEEN

Wüstenkakteen benötigen ein gut durchlässiges Substrat. Geeignet ist spezielle Kakteenerde, man kann aber auch normale Pflanzerde nehmen, die zusätzlich mit grobem Sand oder Kies gemischt wurde. Gießen Sie die Kakteen im Frühjahr und Sommer regelmäßig mit lauwarmem Wasser, lassen Sie die Erde dann jedoch fast ganz austrocknen, bevor Sie wieder gießen. Im Winter sollten Kakteen fast ganz trocken bleiben, besonders wenn sie in kühlen Räumen stehen. Düngen Sie Kakteen während der aktiven Wachstumsphase etwa alle drei Wochen mit einem stark verdünnten Tomatendünger.

Wüstenkakteen bevorzugen im Winter Temperaturen von 10–13°C. Allerdings vertragen es viele auch noch, wenn die Temperaturen einmal auf bis zu 5°C absinken. Im Sommer spielt die Temperatur keine große Rolle. Topfen Sie Kakteen erst dann um, wenn die Wurzeln den Topf ganz ausfüllen.

ARTEN UND SORTEN

Astrophytum

Diese sehr attraktiven Kakteen stammen aus dem Süden der USA und aus Mexiko. Der Seeigelkaktus (*A. asterias;* syn. *Echinocactus asterias*) wächst halbkugelförmig, wird etwa 10 cm hoch und breit und weist sechs bis zehn fast flache Rippen auf. Im Sommer bringt er gelbe Blüten mit einem roten Schlund hervor. Die Bischofsmütze (*A. myriostigma;* syn. *Echinocactus myriostigma*) besitzt kräftige, stark hervortretende Rippen, sodass sie ein wenig an die Mitra eines Bischofs erinnert. Die Bischofsmütze wird bis zu 23 cm hoch und 30 cm breit. Sie wächst sehr langsam und bringt erst nach vier bis fünf Jahren Blüten hervor.

Cephalocereus

Die drei Kakteen, die heute zu dieser Gattung gerechnet werden, stammen alle aus Mexiko. Es handelt sich um säulenförmige Pflanzen mit zahlreichen Dornen. Die bekannteste Art ist *C. senilis,* das so genannte Greisenhaupt, das an seinem natürlichen Standort in der Wüste bis zu 12 m hoch werden kann. Junge Pflanzen haben 12–15 Rippen und ihre gelben Dornen entspringen sehr dicht stehenden Areolen mit 20–30 weichen, weißen Haaren, denen der Kaktus auch das typische Aussehen und den Namen verdankt. Im Sommer werden rosa Blüten gebildet, die sich nachts öffnen. Bei Pflege in der Wohnung müssen die Haare manchmal mit Waschmittel gereinigt werden.

Cereus

Zu dieser Gattung gehören baumartig wachsende Kakteen aus Südamerika und der Karibik. Die blaugrünen, mit Rippen und Dornen besetzten säulenförmigen Sprosse von *C. uruguayanus* (syn. *C. peruvianus*; Felsenkaktus) können in einem warmen, sonnigen Raum relativ schnell bis zu 90 cm hoch werden. Unter dem Namen *C. uruguayanus* 'Monstrosus' (oder 'Monstruosus') werden einige Zuchtformen mit Seitentrieben angeboten, die an Wasserspeier erinnern.

Cleistocactus

Diese Kakteen aus den Gebirgsregionen Südamerikas haben hohe, schlanke Sprosse; ihre schmalen Rippen sind mit hübschen Dornen und behaarten Areolen verziert.

Neben den aufrecht wachsenden Arten gibt es auch niederliegende Formen. *C. strausii,* der mit silberweißen Dornen besetzt ist und daher Silberkerze oder Silberfackelkaktus genannt wird, kann etwa 1 m hoch werden. Die Blüten werden von Kolibris bestäubt.

Echinocactus

Diese langsam wachsenden, ausdauernden Kakteen stammen aus dem Süden der Vereinigten Staaten und aus Mexiko. *E. grusonii* (Igelkaktus, Schwiegermuttersitz) ist ein beliebter Kaktus, der in der Wohnung allerdings nicht blüht.

Die Art besitzt sehr spitze, goldgelbe Dornen, die an einem tief gerippten, bis zu 60 cm hohen und 80 cm breiten Spross sitzen. An der Spitze befindet sich eine Mulde und eine Krone gelber Haare.

Links: Viele *Ferrocactus*-Arten werden wegen ihrer gefährlich wirkenden, gebogenen Dornen gepflegt. Bei *Ferocactus echidne* sitzen am stark gerippten, vom gelben Blüten gekrönten Spross allerdings kurze, gerade Dornen.

Rechts: Die normalerweise kugeligen Warzenkakteen (*Mammillaria*) sind häufig mit borstigen oder auch sehr spitzen Stacheln übersät. Sie bleiben klein und bilden, wie hier bei *M. hahniana* hübsche bunte Blüten.

Ganz rechts: Faszinierende Kakteen können entstehen, wenn man bunte Köpfe von *Gymnocalycium mihanovichii* (die kein Chlorophyll besitzen) auf Stängel von *Heliocereus* pfropft. Diese Zuchtform heißt 'Red Cap'.

Gymnocalycium

Zu dieser Gattung gehören mehr als 50 Arten, die in ihrem Vorkommen über ganz Südamerika verbreitet sind. *G. bruchii* (syn. *G. lafadense*) bildet zahlreiche dunkelgrüne Sprosse, die 12 Rippen aufweisen und etwa 4 cm hoch werden; im Sommer bringt er hübsche rosa Blüten hervor. *G. michanovichii* ist ein kugelförmiger Kaktus mit einem graugrünen Spross und acht, sehr deutlich hervortretenden Rippen. Von ihm gibt es einige Zuchtformen, die kein Chlorophyll besitzen und daher auf eine Unterlage, normalerweise *Hylocereus* gepfropft werden.

Heliocereus

Die Arten dieser Gattung unterscheiden sich aber ganz erheblich in der Wuchsform und im Aussehen. So wachsen einige eher aufrecht, während andere überhängende Sprosse bilden. *H. cinnabarinus* gehört zu den hängend wachsenden Arten. Er hat dunkelgrüne Sprosse mit weißen, gelben oder braunen Dornen und leuchtend rote Blüten, die im Sommer erscheinen. *H. speciosus* (syn. *Cereus speciosus*) bildet verzweigte, grünen Sprosse mit drei bis fünf

Echinopsis

Echinopsis chamaecereus (syn. *Cereus silvestrii, Chamaecereus silvestrii, Lobivia silvestrii*) besitzt längliche Sprosse, die nur etwa 10 cm hoch werden und wie kleine borstige Säulen aussehen. Der Kaktus wächst schnell und bringt im späten Frühjahr rote oder dunkel orangefarbene Blüten hervor. Zu Frühjahrsbeginn sollten Sie den Kaktus aus seiner Winterruhe holen, während der die Temperatur nicht unter 5°C absinken darf.

Espostoa

Zu dieser Gattung gehören zehn Arten säulenförmig wachsender Kakteen. *E. lanata* (Humboldtkaktus) wird in der Natur mehr als 1,5 m

hoch, in der Wohnung bleibt er normalerweise kleiner; an den Areolen sitzen weiße oder gelbliche Haare. *E. melanostele* hat einen graugrünen Spross, der von braunen Areolen bedeckt ist. Die Art wird in der Natur bis zu 1,8 m hoch.

Ferocactus

Diese langsam wachsenden Kakteen sind anfangs fast kugelförmig, werden dann nach vielen Jahren aber säulenförmig, wobei sie eine Höhe von mehr als 60 cm erreichen. Sie haben sehr spitze, feste und häufig gezähnte Dornen, an denen man sich leicht verletzten kann. *F. latis-pinus* ist leuchtend grün mit 15–23 Rippen und rosafarbenen bis gelblichen Dornen.

Rippen. Seine kleinen Dornen sind weißlich oder braun.

Mammillaria (Warzenkaktus)

Zu dieser Gattung gehören mehr als 100 Arten, von denen viele sehr beliebte und häufige Zimmerpflanzen sind. Unter ihnen gibt es halbkugelige, kugelige, säulenförmige oder sogar zylindrische Arten, die alle von zahlreichen kleinen Dornen bedeckt sind. Bei der Pflege von Warzenkakteen sollte man stets Vorsicht walten lassen, denn viele Arten haben Dornen mit Widerhaken. Ein beliebter Warzenkaktus ist *M. longimamma* (syn. *Dolichothele longimamma*), eine kleine, ausdauernde Art, die im Sommer attraktive, leuchtend gelbe, glockenförmige Blüten mit zahlreichen Blütenblättern hervorbringt.

Opuntia (Feigenkaktus)

Typisch für die meisten Feigenkakteen sind die in Segmente unterteilten Sprosse, wobei diese Segmente scheibenförmig, zylindrisch oder kugelförmig sein können. Für die Pflege in der Wohnung eignen sich folgende Arten: *O. brasiliensis*, die mehr als 6 m hoch werden kann; *O. microdasys*, ein buschiger Feigenkaktus mit flachen, ovalen Segmenten, sowie der etwa 60 cm hohe und breite *O. microdasys* var. *rufida* (syn. *O. rufida*). *O. subulata* fällt deswegen ein wenig aus der Reihe, weil er zylinderförmige, verzweigte Sprosse be-

sitzt. In der Natur können diese Kakteen bis zu 3 m hoch werden, in der Wohnung erreichen sie höchstens 75 cm. Allen Feigenkakteen gemeinsam sind die so genannten Glochiden, also winzige Dornen mit Widerhaken an der Spitze, die bei der geringsten Berührung abbrechen und die man dann praktisch nur mit einer Pinzette wieder aus der Haut bekommt.

Oreocereus

Zu dieser Gattung, die früher *Borzicactus* hieß, gehören Kakteen aus den Gebirgsregionen Südamerikas. *O. aurantiacus* (syn. *Borzicactus aurantiacus*, *Matucana aurantiaca*) wird etwa 15 cm hoch und breit und hat eine abgeplattete Kugelform. Im Sommer erscheinen oben am Spross leuchtend gelbe bis orangefarbene Blüten. Durch einen hellen Standort, vergleichsweise großzügiges Gießen und zweiwöchentliches Düngen im Sommer kann man die Blüte häufig fördern.

Parodia

Zu dieser Gattung gehören Kakteen, die früher häufig auch bei *Eriocactus*, *Notocactus* und *Wigginsia* eingeordnet wurden. Es handelt sich zumeist um kleine Arten, die manchmal zehn Jahren brauchen, um eine Höhe von etwa 20 cm zu erreichen. Normalerweise sind sie kugelförmig mit spiralig um den Spross angeord-

neten Rippen. *P. leninghausii* (syn. *Eriocactus leninghausii*; Goldsäule) wird bis zu 60 cm hoch, aber nur 20 cm breit. Er ist vor allem wegen seiner goldgelben Dornen sehr beliebt. *P. ottonis* (syn. *Notocactus ottonis*) ist ein kleiner kugelförmiger Kaktus, der im Frühjahr unzählige gelbe Blüten hervorbringt.

Rebutia

Zu dieser Gattung gehören heute auch Arten, die früher bei *Sulcorebutia* und *Weingartia* eingeordnet wurden. Viele der zumeist kleinen Kakteen, die aufgrund ihrer Wuchsform manchmal ganz allgemein Kugelkakteen genannt werden, gehören zu den sehr pflegeleichten Zimmerpflanzen, was viel zu ihrer Beliebtheit beigetragen hat. Einige haben außerdem sehr hübsche, trichterförmige Blüten mit vielen Blütenblättern, die oft schon 2–3 Jahre nach der Aussaat erscheinen. *R. aureiflora* kann im späten Frühjahr von gelben Blüten regelrecht übersät sein; von *R. minuscula* (syn. *R. violaciflora*) gibt es einige Zuchtformen mit roten oder fliederfarbenen Blüten; *R. senilis* bildet im späten Frühjahr und Frühsommer rote, gelbe oder lila Blüten. Kugelkakteen sterben nach der Blüte häufig, doch bilden sie Ableger, aus denen sich leicht neue Pflanzen ziehen lassen.

Links: *Aporocactus flagelli-formis* (Schlangenkaktus)
eignet sich ausgezeichnet
für eine mittelgroße Ampel.
Oben: *Nopalxochia
ackermanii* blüht oft
dann besonders üppig,
wenn man ihn mehrere
Jahre lang nicht umtopft.
Rechts oben: Die rot-
blütige *Hatiora gaertneri*
wird Osterkaktus genannt.

WALDKAKTEEN

Waldkakteen unterscheiden sich in vielerlei Hinsicht von den zuvor erwähnten Wüstenkakteen. Da sie vorzugsweise epiphytisch auf Bäumen wachsen, haben viele hängende, oft segmentierte Triebe, die manchmal mit herrlichen Blüten regelrecht übersät sind. Als Waldpflanzen sind sie an ein Leben im Schatten gewöhnt, sodass man sie im Sommer am besten an einen nicht zu hellen Platz stellt; im Winter sollten sie aber etwas mehr Licht bekommen.

Wie alle Dschungelpflanzen benötigen diese Kakteen kalkfreies, gut durchlässiges Substrat und vor allem eine hohe Luftfeuchtigkeit, sodass Sie die Pflanzen häufig mit lauwarmem, weichem Wasser besprühen müssen. Nach der Blütezeit sollten die Waldkakteen bei 10–13°C eine Ruhephase einlegen können. In dieser Zeit werden sie sparsam gegossen und zwar so lange, bis die Blütenknospen erscheinen. Danach kommen sie wieder an einen wärmeren Platz und werden dann auch wieder etwas häufiger gegossen. Außerdem sollten die Kakteen nun wöchentlich einen relativ schwachen, ausgewogenen Flüssigdünger erhalten.

ARTEN UND SORTEN

Aporocactus (Schlangenkaktus)

Diese hängend wachsenden Epiphyten aus Mexiko, die häufig auch Peitschenkakteen genannt werden, pflegt man vor allem wegen der anmutigen schlanken Triebe mit den bunten Blüten. *A. flagelliformis* (syn. *Cereus flagelliformis*) hat graugrüne Triebe mit 10–14 Rippen und rotbraune Dornen. Jeder der fleischigen Triebe kann bis zu 1,8 m lang werden. Die rosafarbenen Blüten erscheinen im Frühjahr.

Epiphyllum (Blattkaktus)

Die Arten dieser Gattung sind typische Dschungelpflanzen, die im Sommer wunderschöne Blüten hervorbringen. Da sie sich vergleichsweise leicht kreuzen lassen, gibt es im Handel eine Vielzahl von Sorten für die Pflege in der Wohnung. Eine von ihnen ist 'Reward' mit ihren attraktiven gelben Blüten, eine andere 'Cambodia', die hübsche rote Blüten mit gekräuselten Blütenblättern besitzt. Die Blüten der Blattkakteen sind normalerweise 10–15 cm breit.

Einige Arten werden heute auch der Gattung *Nopalxochia* zugeordnet.

Hatiora

Zu dieser Gattung, die früher *Rhipsalidopsis* hieß, gehört der bekannte Osterkaktus; *H. rosea* (syn. *Rhipsalidopsis rosea*), eine hängend wachsende Art mit flachen grünen Segmenten und leuchtend rosafarbenen Blüten, die zu Frühjahrsbeginn gebildet werden. *H. gaertneri* (syn. *Rhipsalidopsis gaertneri, Schlumbergera gaertneri*), die manchmal ebenfalls als „Osterkaktus" im Handel ist, bildet richtige kleine „Bäumchen" mit blattähnlichen Trieben. Die leuchtend roten trichterförmigen Blüten erscheinen im Frühjahr.

Nopalxochia

Viele Arten, die heute dieser Gattung zugeordnet werden, gehörten früher zu den Blattkakteen (*Epiphyllum*), darunter *N. ackermanii* (syn. *Epiphyllum ackermanii*), eine Pflanze mit flachen, fleischigen, anfangs aufrecht wachsenden, später herabhängenden Trieben, an denen im Frühjahr und im Frühsommer zahlreiche orangerote Blüten sitzen. Heute gibt

es auch eine Reihe von Zuchtformen, darunter 'Celestine' mit blassen rosaroten Blüten, 'Jennifer Ann' mit gelben Blüten und 'Moonlight Sonata' mit purpurroten bis rosafarbenen Blüten.

Schlumbergera (Weihnachtskaktus)

Diese Gattung, die verwandtschaftlich in die Nähe der Gattung *Hatiora* gehört, wird manchmal auch *Zygocactus* genannt. Die meisten der im Handel erhältlichen Pflanzen aus dieser Gruppe sind Zuchtformen. Sie werden vor allem wegen ihrer farbenprächtigen Blüten gezogen, die sie regelmäßig in großer Zahl bilden. Die ausladenden Pflanzen haben typisch segmentierte, flache Triebe, die anfangs aufrecht wachsen, aber dann überhängen, sodass die Pflanzen sich gut für Ampeln eignen. Beliebte Sorten sind 'Gold Charm' mit gelben Blüten, 'Joanne' mit roten und purpurroten Blüten sowie 'Weihnachtsfreude' mit hell- und dunkelroten oder purpurfarbenen Blüten. Ohne Blüten sehen diese Kakteen allerdings langweilig aus.

SUKKULENTEN

Neben den Kakteen gibt es mehr als 50 weitere Familien, in denen Pflanzen vertreten sind, die man als Sukkulenten bezeichnet. Doch während die Kakteen fast ausschließlich aus Nord- und Südamerika stammen, sind die übrigen Sukkulenten auch in Afrika und Teilen Europas zu finden. Ähnlich wie bei den Wüstenkakteen handelt es sich dabei zumeist um Landpflanzen, die gut an trockene Bedingungen ange-

passt sind (viele wachsen auch Seite an Seite mit Kakteen) und fast alle haben ähnliche Bedürfnisse: viel Sonne und gut durchlässiges Substrat. Im Sommer müssen sie regelmäßig gegossen werden, allerdings erst, wenn die Erde fast ausgetrocknet ist; im Winter brauchen sie dagegen weniger Wasser und Temperaturen von ungefähr 10°C.

Im Sommer benötigen die meisten Sukkulenten alle drei bis

vier Wochen einen stark verdünnten Dünger und frische Luft statt hoher Luftfeuchtigkeit. Einige Sukkulenten speichern Wasser und Nährstoffe in ihren angeschwollenen fleischigen Blättern (die Blattsukkulenten), andere – die so genannten Stammsukkulenten – haben harte, fleischige Stängel, und eine dritte Gruppe, die Wurzelsukkulenten, besitzen verdickte Wurzeln, in denen sie ihre Wasservorräte speichern.

Links: Aloe aristata bildet ihre orangerosa Blüten an langen Stängeln, die einer dichten Rosette spitzer Blätter mit weißem Rand entspringen. Die Rosette ist nur 10–15 cm hoch, während die Blütenstängel bis 30 cm lang werden.
Rechts: Agave americana 'Marginata' hat die typischen breiten, gewellten Blätter der Art; bei dieser Sorte zudem beigefarbene Ränder und Streifen.

ARTEN UND SORTEN

Adenia
Die Arten dieser Gattung, die in Afrika, auf Madagaskar und in Burma heimisch sind, besitzen winzige Blüten, aus denen sich gelbe, grüne oder rote Früchte entwickeln. Bei *A. digitata* (syn. *A. buchananii, Modecca digitata*) entspringen die oberirdischen Teile, darunter die dunkelgrünen, in Büscheln angeordneten Blätter, einer bis zu 30 cm großen Speicherwurzel. Die Blüten sind gelb, die sich daraus entwickelnden Früchte rot. *A. spinosa* besitzt eine bis 1,8 m große Speicherwurzel und stachelige Triebe.

Adenium obesum (Wüstenrose)
Diese interessante Art ist manchmal auch als *A. arabicum, A. micranthum, A. speciosum* oder *Nerium obesum* im Handel. Sie besitzt einen verdickten, flaschenförmigen, bis zu 1 m langen Stamm, an dem ovale, oberseits hellgrüne, unterseits dunkelgrüne Blätter sitzen. Im Sommer bildet die Wüstenrose hübsche, trichterförmige rote, rosa oder weiße Blüten.

Agave
Zu diesen, Rosetten bildenden, mehrjährigen Sukkulenten aus Amerika gehören viele beliebte Zimmerpflanzen. *A. utahensis* bildet eine Rosette aus graugrünen Blättern mit Stacheln an den Rändern. Sie wird nur etwa 30 cm hoch, dafür aber manchmal bis 2 m breit. *A. victoriaereginae* (syn. *A. consideranti*) ist vermutlich die beliebteste Zimmeragave. Sie hat eine grundständige Rosette aus zahlreichen dunkelgrünen, weiß gestreiften Blättern mit stacheliger Spitze und wird ungefähr 50 cm hoch und ebenso breit.

Aloe
Aloen bilden eine Rosette aus verdickten, lederartigen, gezähnten Blättern, die häufig gefleckt, gestreift oder gebändert sind. Die an hohen Stängeln wachsenden, meist orangefarbenen Blüten sind röhren- bis glockenförmig. Es gibt recht kleine Aloen, beispielsweise die 10 cm hohe *A. humilis* mit bläulichen, weiß gezähnten Blättern oder *A. aristata* (*A. ellenbergeri*), die weiß gefleckte Blätter hat und 10–15 cm hoch wird. Zu den mittelgroßen Arten gehört die 30 cm hohe *A. variegata* (syn. *A. ausana, A. punctata*) mit ihren weiß gemusterten Blättern. *A. arborescens* ist eine riesige Art, die in einem Kübel leicht bis zu 1 m hoch werden kann. Die größeren Arten bevorzugen einen hellen Platz, die kleineren einen halb schattigen Standort.

Cotyledon
Diese afrikanischen Sukkulenten haben fleischige Blätter, die sich paarweise gegenüberstehen. *C. orbiculata* wird ungefähr 60 cm hoch. Sie hat graue Blätter, die weißlich schimmern und rote Ränder aufweisen. *C. orbiculata* var. *oblonga* (syn. *C. undulata*) hat einen verdickten Stamm mit rot geränderten Blättern und lange Blütenstängel mit nickenden, orangefarbenen Blüten.

Crassula (Dickblatt)
Es gibt viele Dickblatt-Arten, von denen die meisten kleine runde oder dreieckige dickfleischige Blätter besitzen. Eine der bekanntesten Arten ist der Geld- oder Elefantenbaum (*C. ovata*; syn. *C. arborescens, C. argentea*;). Er kann bis zu 1,8 m hoch werden; in einem Kübel erreicht er diese Höhe jedoch nicht. Am kaktusähnlichen Schnürsenkel (*C. muscosa*; syn. *C. lycopodioides*;) kann man sehen, wie unterschiedlich Pflanzen einer Gattung sein können. Die Art hat aufrechte, verzweigte, hellgrüne Stängel, die von oben bis unten von kleinen dreieckigen, fleischigen Blättern bedeckt sind.

Echeveria
Auch diese sukkulenten Pflanzen stammen aus dem Süden der USA und aus Mittelamerika. *E. derenbergii* bildet eine Art Horst aus fleischigen, blau schimmernden Blättern und lange haltbaren, orangefarbenen Blüten, die an langen Stängeln sitzen. Die Pflanze wird 10 cm hoch und etwa 30 cm breit. *E. elegans* hat blasse, blaugrüne Blätter, die in kleinen Rosetten angeordnet sind. Diese werden zwar nur 5 cm hoch aber dafür bis 30 cm breit.

Euphorbia (Wolfsmilch)
Zu dieser großen Gattung gehören sowohl Garten- als auch Zimmerpflanzen. *E. obesa* ist eine kugelige, dornenlose, dunkelgrüne, hell gemusterte Sukkulente mit zahlreichen Rippen; die schalenförmigen Blüten sind gelb. Die Pflanze wird 15 cm hoch und 13 cm breit und erinnert in der Form an ein Nadelkissen.

Gasteria
Bei diesen Sukkulenten aus dem südlichen Afrika sind die fleischigen Blätter häufig fächerförmig angeordnet. *G. carinata* var. *verrucosa* (syn. *G. verrucosa*) hat graugrüne, spitz zulaufende Blätter, die mit weißen Warzen bedeckt sind und verhornte Ränder besitzen. Die Pflanzen werden etwa 15 cm hoch und 30 cm breit. *G. obliqua* (syn. *G. pulchra*) hat fast dreieckige, graugrüne Blätter mit weißen Rändern. Die Art wird ungefähr 30 cm hoch und 45 cm breit. Es handelt sich um einfach zu pflegenden Sukkulenten, die aber gut durchlässiges Substrat benötigen.

Haworthia (Haworthie)
Die Arten dieser Gattung, die aus Südafrika stammen, bilden normalerweise eine Basalrosette aus kräftigen, dreikantigen bis runden, spitz zulaufenden Blättern, die häufig mit kleinen, weißen Perlwarzen besetzt sind. Die bis zu 15 cm hohen Rosetten von *H. pumila* (syn. *H. margaritifera*) sind so dicht, dass sie schon fast eine Kugel bilden; *H. retusa* hat fleischige, bis zu 5 cm lange Blätter. Haworthien sollten einen hellen Platz ohne direkte Sonne bekommen und besonders im Sommer kräftiger gegossen werden.

Kalanchoe
Diese Gattung kennt man hauptsächlich wegen der zahlreichen Sorten von *K. blossfeldiana* (Flammendes Käthchen), die es in Rot, Orange, Gelb und Rosa gibt. Eine weitere beliebte Art ist das Brutblatt (*K. daigremontiana;* syn. *Bryophyllum daigremontianum*). Diese Sukkulente hat grüne Blätter mit roten Flecken; an den Blatträndern bilden sich regelmäßig zahlreiche Brutpflänzchen, die Sie abnehmen und in einen Topf setzen können. *K. fedtschenkoi* ist eine

Ganz links: Mit seinen breiten, gelben Rändern bietet *Sansevieria trifasciata* 'Laurentii' (Bogenhanf) vor einem einfarbigen Hintergrund ein wunderschönes Bild.

Links: Die vielen Wolfsmilch-Arten können sehr unterschiedlich aussehen. So wächst *Euphorbia obesa* kuppelförmig, während andere Arten längliche Triebe bilden.

Links unten: Die leuchtend grünen Stängel von *Sedum morganianum* (Affenschwanz) brechen leicht ab, sodass man sie sehr behutsam behandeln muss.

Rechts: Irgendeine *Kalanchoe blossfeldiana* (Flammendes Käthchen) blüht immer.

aufrechte Sukkulente mit blaugrünen Blättern, deren Rand gekerbt ist.

Kleinia
Diese Sukkulenten sind mit der beliebten Gartenpflanzengattung *Senecio* (Kreuzkraut) verwandt, sehen aber ganz anders aus.
K. stapeliiformis (syn. *Senecio stapeliiformis*) ist eine aufrecht wachsende Pflanze; die fleischigen, graugrünen Stängel haben dunkelgrüne Längsstreifen. Im Sommer bildet die Art orangerote Blütenköpfe.

Lithops (Lebende Steine)
Diese kleinen Sukkulenten stammen aus dem südlichen Afrika. Sie setzen sich aus einem gegenüberliegenden Paar angeschwollener Blätter zusammen, zwischen denen große, gänseblümchenähnliche Blüten herauswachsen. Die hellgraue *L. marmorata* bildet duftende weiße Blüten; bei der graubraunen Art *L. turbiniformis* (syn. *L. hookeri*) sind diese rot und gelb.

Pachyphytum
Die Rosetten bildenden, mehrjährigen Sukkulenten der in Mexiko heimischen Gattung haben fleischige, zugespitzte Blätter. Bei *P. longifolium* wachsen im Frühjahr zwischen den graublauen Blättern mit ausgezogener Spitze hübsche Blütentrauben hervor; *P. oviferum* hat helle graugrüne, ovale, hübsch blau überlaufene Blätter, die in einer grundständigen, bis zu 13 cm hohen und 30 cm breiten Rosette angeordnet sind.

Sansevieria
Zu dieser Gattung gehört der bekannte Bogenhanf (*S. trifasciata*) aus dem westlichen Afrika, der schwertförmige, aufrecht wachsende, bis zu 1,2 m hohe Blätter bilden kann, die bei manchen Sorten gestreift oder marmoriert sein können. 'Golden Hahnii' und 'Silver Hahnii' sind besonders kleinwüchsige Zuchtformen; 'Laurentii' besitzt Blätter mit breiten, gelben Rändern.

Sedum (Fetthenne, Mauerpfeffer)
Neben den vielen Fetthennen für den Garten gibt es auch einige Arten, die man in der Wohnung pflegen kann. Eine Reihe von ihnen besitzt rundliche, fleischige Blätter, andere zylinderförmige, und viele haben verzweigte, niederliegende Stängel. Der Affenschwanz (*S. morganianum*) hat bis zu 1 m lange Stängel mit zahlreichen, leuchtend grünen Blättern. Er eignet sich gut für eine Blumenampel, in der in dann häufig den ganzen Sommer rosa Blüten gebildet werden. Die Blätter der ähnlichen *S. sieboldii* 'Mediovariegatum' aus Japan sind blaugrau mit einer rosafarbenen Zeichnung.

7 ZWIEBEL- UND KNOLLENGEWÄCHSE

Bei Zwiebelpflanzen denken die meisten Menschen sicher an den Frühling und die ersten Blumen im Garten. Aber auch für die Wohnung lassen sich viele Pflanzen aus Zwiebeln, Rhizomen oder Knollen heranziehen. Beispiele sind Hyazinthen, Krokusse, Narzissen oder Tulpen, die uns in Töpfe und Schalen gepflanzt auch im Haus darauf aufmerksam machen, dass der Winter nun bald vorüber ist. Speziell behandelte Blumenzwiebeln machen es möglich, dass Narzissen und Hyazinthen schon zu Weihnachten blühen, also lange bevor sie in Parks und Gärten ihre Blüten öffnen. Doch aus Zwiebeln, Rhizomen und Knollen kann man nicht nur im Frühling, sondern praktisch das ganze Jahr über hübsche Blumen in der Wohnung heranziehen.

Links: Gleichgültig, welche Farbe eine Hyazinthe auch hat – ihr berauschender Duft wird einen Hauch von Frühling ins Zimmer bringen.

Am sinnvollsten ist es, alle winterharten Zwiebelpflanzen, die im Haus gewachsen sind, nach der Blüte in den Garten umzusetzen, denn man kann sich nicht darauf verlassen, dass sie in der Wohnung noch einmal blühen. Allerdings gilt das nicht für frostempfindliche Zimmerpflanzen, z. B. Rittersterne, Knollenbegonien oder Alpenveilchen, deren Zwiebeln oder Knollen man einlagern und aufheben sollte, damit sie im nächsten Jahr wieder Farbe in die Wohnung bringen.

Ein Blumentopf mit blühenden Zwiebelpflanzen sieht an sich schon herrlich aus, doch entgeht Ihnen einiges, wenn Sie die Pflanzen nicht selbst heranziehen, denn es ist nicht nur einfach, eigene Blumenzwiebeln zum Blühen zu bringen, sondern man hat so auch viel mehr Spaß an den Pflanzen, ganz abgesehen, dass man außerdem noch Geld spart und sich eine größere Auswahl erschließt.

Bei der Anschaffung der Zwiebeln und Knollen gibt es mehrere Möglichkeiten: Entweder Sie gehen in letzter Sekunde in Ihr Gartencenter und schauen, was es so gibt, oder Sie kaufen Ihre Blumenzwiebeln im Vorbeigehen, ohne genau zu wissen, was Sie später damit anfangen werden. Sie können aber auch ein nettes Ritual daraus machen und regelmäßig die Kataloge der großen Zwiebelzüchter anfordern, um die Blumenzwiebeln in aller Ruhe auszuwählen. Wenn Sie bei einem seriösen Versender bestellen, bekommen Sie garantiert gute Blumenzwiebeln in bestem Zustand. Wollen Sie dagegen im Einzelhandel einkaufen, sollten Sie dies zu Beginn der Saison tun (also im Spätsommer für die meisten Frühjahrsblüher), denn zu dieser Zeit ist die Auswahl am größten und Sie bekommen garantiert frische Blumenzwiebeln.

Nehmen Sie Zwiebeln oder Knollen, die fest wirken und groß genug sind für die jeweilige Art oder Sorte. Achten Sie außerdem darauf, dass Größe und Gewicht der Zwiebel in einem vernünftigen Verhältnis zueinander stehen und dass keine Wunden oder Druckstellen zu erkennen sind. Überprüfen Sie aber auch, ob die Zwiebeln und Knollen für eine frühzeitige Blüte im Haus speziell vorbehandelt wurden.

Handelsübliches Zwiebelpflanzensubstrat aus Torf oder Kokosfasergarn, vermischt mit zerkleinerten Muschelschalen und Holzkohle ist leicht, praktisch und billiger als normale Blumenerde. Wenn Sie Ihre Zwiebelpflanzen nach der Blüte nicht behalten wollen, können Sie das Substrat sogar noch weiterverwenden. Allerdings enthält es kaum noch Nährstoffe, sodass man es nur noch für eine kurze Zeit benutzen kann. Substrate mit einem hohen Anteil an Kompost enthalten dagegen eine ausgewogene Mischung an Nährstoffen und ähneln in ihrer Zusammensetzung der Erde, in der Zwiebelgewächse natürlicherweise wachsen. Daher ist sie auch gut für die Regeneration der Zwiebelpflanzen nach der Blüte geeignet, sodass man sie unbedingt für Zwiebelpflanzen verwenden sollte, die auch im nächsten Jahr wieder in der Wohnung blühen sollen.

Kaufen Sie mit den Zwiebeln gleich auch das Substrat für die Pflanzen sowie Blumentöpfe und was Sie sonst noch brauchen, beispielsweise Holzkohle, die Sie unter die Erde mischen müssen, wenn Sie Töpfe ohne Abflusslöcher verwenden. Pflanzen Sie die Zwiebeln gleich ein, damit sie nicht durch die Lagerung in Mitleidenschaft gezogen werden und auch tatsächlich rechtzeitig mit der Blüte beginnen können.

Wählen Sie Blumentöpfe oder Gefäße für Zimmerpflanzen immer sorgfältig aus, da sie die Wirkung der Pflanzen ganz beträchtlich mitbestimmen. Hyazinthen, Narzissen, Tulpen und Krokusse werden normalerweise in Schalen gezogen, aus denen das Wasser nicht ablaufen kann. Für diese Pflanzen gibt es zwar einfache und praktische Kunststoffschalen im Handel, allerdings ist ein hübscher Blumentopf normalerweise empfehlenswerter. Das Gefäß sollte breit und flach sein, und möglichst keinen Abfluss besitzen, denn bei Schalen mit Löchern im Boden (dies ist bei vielen Terracottatöpfen der Fall) werden wegen der ständig feuchten Unterseite leicht Tischplatten oder andere Standflächen beschädigt. Haben Sie sich für ein Gefäß mit Abfluss entschieden, sollten Sie entweder einen Untersatz oder einen Teller darunter stellen (was allerdings oft nicht sehr schön aussieht), oder Sie stellen die Töpfe auf ein gekacheltes Fensterbrett oder eine Arbeitsplatte in der Küche.

Größere Zwiebelgewächse, beispielsweise die verschiedenen Lilien, die zumeist als Einzelpflanzen gezogen werden, wachsen in normalen Blumentöpfen mit Untersatz am besten, wobei Sie unter einer Vielzahl geeigneter Töpfe auswählen können. In einem Plastiktopf wachsende Pflanzen sollten Sie in einem hübschen Übertopf verstecken, der sowohl zur Pflanze als auch zum Zimmer passt.

OSTERGLOCKEN

Die beliebtesten Zwiebelgewächse sind vermutlich Osterglocken (und andere hübsche Narzissen). Bei ihnen ist die Auswahl so groß, dass Sie von Winteranfang bis ins Frühjahr hinein blühende Pflanzen im Haus haben können.

Osterglocken gehören zur Gattung *Narcissus*, wobei der umgangssprachliche Name eigentlich für die Pflanzen gewählt wurde, die nur eine einzelne, trompetenförmige Blüten an ihrem Stängel bilden. Inzwischen verwendet man den Begriff jedoch auch ganz allgemein für Narzissen. Normalerweise stellen wir uns Osterglocken gelb vor, doch gibt es auch weiße und beigefarbene Sorten. Bei anderen Mitgliedern der Gattung *Narcissus* können die Blüten unterschiedlich groß sein und oft auch anders gestaltet als bei den Osterglocken. So sitzen häufig mehrere Blüten an einem Stängel, manche Arten und Sorten duften sehr stark und eine Reihe von ihnen hat gefüllte Blüten.

Wenn Sie Zwiebelpflanzen – nicht nur Narzissen – früh zum Blühen bringen wollen, müssen Sie darauf achten, dass Sie Blumenzwiebeln verwenden, die speziell vorbehandelt wurden. Das geschieht dadurch, dass sie einem „künstlichen Winter" ausgesetzt wurden und daher früher blühen als normal.

Links: Winterharte Osterglocken können auch in der Wohnung ganz fantastisch aussehen. Große Sorten wie 'King Alfred' und 'Dutch Master' oder Zuchtformen mit kürzeren Stängeln, etwa 'Tête-à-Tête' und 'February Gold', eignen sich besonders gut als Zimmerpflanzen.
Rechts: Leuchtend gelbe Osterglocken sind Symbole des Frühlings. Im Haus sehen sie am besten aus, wenn sie dicht zusammen gepflanzt wurden.

PFLANZEN IM HAUS

Man kann solche Zwiebelpflanzen direkt ins warme Wohnzimmer holen, um sie sehr früh blühen zu lassen oder sie langsam an wärmere Bedingungen gewöhnen, damit sie ihrer natürlichen Blütezeit nur ein wenig voraus sind. Wenn Sie keine unnatürlich frühe Blütezeit wünschen, können Sie auch unbehandelte Blumenzwiebeln verwenden.

Kleine Narzissen wie 'February Gold' und 'Tête-à-Tête' eignen sich besonders gut als frühe Zimmerpflanzen. Wenn Sie die Zwiebeln im Spätsommer einpflanzen, können Sie im Winter an einen hellen Platz gestellt werden, damit sie dann beispielsweise zu Weihnachten blühen. *N. papyraceus* (syn. *N.* 'Paper White') bildet bis zu zehn, stark duftende, strahlend weiße Blüten an jedem Stängel. Diese Narzissen können Sie für eine frühe Blüte auch in Glasbehälter mit Wasser und Kieselsteinen pflanzen. Geben Sie etwas Holzkohle zum Substrat, damit es sich nicht zu stark ansäuert.

1 Pflanzen Sie Ihre Osterglocken im Spätsommer. Füllen Sie dazu eine saubere Schale zunächst einmal zur Hälfte mit Substrat.

2 Überprüfen Sie die richtige Höhe mit einer Blumenzwiebel. Ihr oberes Ende sollte nach dem Einpflanzen auf gleicher Höhe wie der Schalenrand sein. Verteilen Sie die Zwiebeln so, dass sie dicht zusammen sitzen, sich aber nicht berühren. Mit Narzissen einer Sorte sieht eine solche Schale am besten aus.

3 Befüllen Sie die Schale bis 1 cm unter den Rand und drücken Sie die Erde vorsichtig fest. Sind Abflusslöcher vorhanden, gießen Sie die Erde gut an und lassen das Wasser ablaufen. Andernfalls wird weniger gegossen.

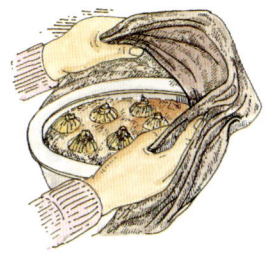

4 Stellen Sie die mit Plastikfolie umwickelte Schale an einen kühlen Ort. Gießen Sie, sobald die Erde nicht mehr feucht ist. Wenn die Triebe 5 cm hoch sind, kommen die Pflanzen dann in die warme Wohnung.

KROKUSSE UND TULPEN

Nach den Narzissen sind Krokusse und Tulpen die beliebtesten früh blühenden Zwiebelgewächse. Wie bei den Narzissen, gibt es auch hier zahlreiche Sorten mit Blüten in allen nur denkbaren Farbtönen, wobei regelmäßig neue Züchtungen hinzukommen.

Bei der Auswahl von Tulpen, die bereits im Winter in der Wohnung blühen sollen, greifen Sie am besten auf Sorten zurück, die nicht nur früh im Jahr blühen, sondern zudem wärmere Bedingungen bevorzugen, denn damit erzielen Sie die besten Resultate.

Wenn Krokusse und Tulpen erst einmal blühen, sollte man sie in einen nicht zu warmen Raum stellen, weit weg von Heizungen oder offenen Kaminen, weil sie in einer zu trockenen Umgebung bald aufhören zu blühen und schnell verwelken.

Tulpen vortreiben

Pflanzen Sie Tulpen, die in der Wohnung blühen sollen, im Spätsommer oder Frühherbst. Früh blühende Arten und Sorten mit gefüllten oder ungefüllten Blüten eignen sich am besten. Damit die Pflanzen schnell Wurzeln bilden, können Sie die äußere braune Haut der Zwiebeln entfernen. Stellen Sie die Töpfe in den kältesten Teil des Gartens oder des Hauses und bedecken Sie die Gefäße mit einer dicken Schicht Erde und schwarzer Plastikfolie. Überprüfen Sie etwa  alle zehn Tage, ob die Erde noch feucht ist. Stellen Sie die Blumentöpfe im Frühwinter in einen warmen Raum an einen nicht zu hellen Platz. Wenn die Tulpen etwa 10 cm hoch sind, brauchen sie eine Temperatur von etwa 20°C und mehr Licht. Nun sollten sie in der Weihnachtszeit blühen. Wenn Sie die Blüte etwas hinauszögern wollen, geben Sie ihnen nur langsam mehr Licht und Wärme.

Gegenüberliegende Seite
Links: Krokusknollen werden üblicherweise unter dem Sortennamen verkauft. Es gibt sie in vielen Farbtönen, etwa in Beige, Gelb, Blau, Violett und Weiß.

Rechts: Tulpen sind unentbehrlich für alle, die zu Frühjahrsbeginn Leben in ihre Gartenbeete bringen wollen. Aber auch im Haus sorgen sie für Farbe und Fröhlichkeit.

Links oben: Die Tulpensorte 'Rotkäppchen' hat nicht nur hübsche Blüten, sondern auch attraktive Blätter mit brauner Zeichnung.

Oben: Die kräftige Farbe und die schöne Form machen Tulpen als Zimmerpflanzen so beliebt.

Krokustöpfe

Krokusse gehören zu den ersten Blumen, die sich im Frühjahr im Garten zeigen. In der Wohnung kann der Frühling durch vorgetriebene Knollen sogar noch früher Einzug halten, denn im Herbst gepflanzte Krokusse öffnen ihre Blütenkelche bereits im Spätwinter oder gleich zu Frühjahrsbeginn. Die meisten der früh blühenden Krokusse sind Sorten von *C. chrysanthus*, die in vielen verschiedenen Farben verfügbar sind, von Lavendelblau wie 'Blue Pearl' bis zu gelb und violett gestreiften Zuchtformen wie 'Gipsy Girl'.

Im Handel gibt es Gefäße mit Löchern in den Seiten, die ideal für Krokusse sind. Weichen Sie den Topf 24 Stunden lang ein und bedecken Sie dann den Boden mit einer Schicht Tonkügelchen oder einem vergleichbaren Material. Geben Sie darauf ein wenig feuchtes, für Zwiebelpflanzen geeignetes Substrat und stecken Sie die Knollen von innen in die Löcher, sodass ihre Spitzen aus den Löchern herausschauen. Drücken Sie die Knollen fest und füllen Sie den Topf mit Erde. Stecken Sie oben noch weitere Knollen in das Substrat und decken Sie den Topf ab, damit kein Licht einfällt.

HYAZINTHEN

Die zahlreichen Sorten von *Hyacinthus orientalis* gehören zu den beliebtesten Zimmerhyazinthen. Sie haben duftende Blüten in Weiß sowie in rosafarbenen, blauen, gelben und roten Schattierungen. Außerdem gibt es ständig neue Zuchtsorten, darunter solche mit gefüllten Blüten, von denen 'Carnegie' (strahlend weiße Blüten), 'City of Haarlem' (beigefarbene Blüten), 'Hollyhock' (leuchtend rote, gefüllte Blüten), 'Ostara' (blaue Blüten) und 'Sheila' (hellrosa Blüten) besonders beliebt sind.

Setzen Sie die Blumenzwiebeln zwischen Spätsommer und Frühherbst ein, wobei sich in jeder Schale nur eine Sorte befinden sollte. Damit die Blumen später auch gut aussehen, wählt man das Gefäß gerade so groß, dass zwischen den Zwiebeln noch ein wenig Platz bleibt. Nach der Blüte können Sie die Hyazinthen in den Garten setzen, wo sie normalerweise noch einige Jahre blühen werden, bis die Blütentrauben dann aber irgendwann nicht mehr ihre ursprüngliche Pracht zeigen.

DAS PFLANZEN VON HYAZINTHENZWIEBELN

1 Füllen Sie eine saubere Schale (um die Gefahr von Krankheiten und Schimmelbefall zu verringern) zur Hälfte mit einem geeigneten, leicht feuchten Substrat und legen Sie darauf die Zwiebeln. Bei einer ungeraden Anzahl kommt eine in die Mitte, die anderen um sie herum.

2 Drücken Sie die Zwiebeln mit etwa 1 cm Abstand in die Erde. Füllen Sie die Schale bis kurz unter dem Rand mit Substrat (die Zwiebelspitzen müssen noch herausschauen) und drücken Sie die Erde fest. Gießen Sie Schalen mit Löchern kräftig an, solche ohne Abfluss nur wenig.

3 Wickeln Sie die Schale in schwarze Plastikfolie und stellen Sie diese dann an einen kühlen Ort. Überprüfen Sie gelegentlich, ob die Erde noch feucht ist und gießen Sie, falls nötig. Wenn die Triebe etwa 5–8 cm groß sind, bringen Sie den Topf in ein kühles Zimmer.

Links: Die stark duftenden Blütenköpfe von *Hyacinthus orientalis* kündigen im Spätwinter das nahende Frühjahr an.

Rechts: Eine einzelne Hyazinthe sieht in einem Hyazinthenglas besonders hübsch aus. Die Zwiebel sitzt am oberen Rand und die weißen, fleischigen Wurzeln füllen das restliche Glas aus, sodass Sie die ganze Pflanze sehen können.

Unten: Selbst eine einzelne Hyazinthe kann einen Hauch von Frühling in ein Zimmer bringen.

Hyazinthengläser

Hyazinthen lassen sich auch ganz ausgezeichnet in Glasgefäße pflanzen. Geschehen sollte das im Spätsommer oder Frühherbst mit entsprechend vorbehandelten Zwiebeln. Füllen Sie ein hübsches Hyazinthenglas bis zum Hals mit Wasser und setzen Sie die Zwiebel so in das Gefäß, dass sie unten gerade noch im Wasser hängt. Bewahren Sie das Glas an einem kühlen, dunklen Ort auf, bis sich die ersten Blätter zeigen. Die Wurzeln sollten dann 8–10 cm lang sein. Holen Sie dann das Glas nun langsam in die Wärme und ins Helle. Gießen Sie regelmäßig Wasser nach, damit das untere Ende der Zwiebel immer benetzt ist.

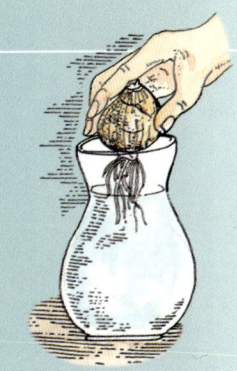

RITTERSTERNE

Diese exotisch aussehenden Pflanzen, die oft fälschlicherweise als Amaryllis bezeichnet werden, erlangen als Zimmerpflanzen immer größere Beliebtheit. Sie bilden im Winter und zu Frühjahrsbeginn große, attraktive Blüten an aufrechten Stängeln mit grundständigen Blättern. Die trichterförmigen Blüten können bis zu 15 cm groß werden und Farben zwischen Hellrosa und Dunkelrot haben. Immer häufiger findet man aber auch Sorten mit gefüllten oder sogar mit gestreiften Blüten.

Verwenden Sie für die sehr großen Blumenzwiebeln am besten ein Substrat mit Kompost und setzen Sie die Zwiebel so ein, dass sie noch ein Stück aus der Blumenerde herausschaut. Gießen Sie in der Folge sparsam, doch lassen Sie das Substrat nie austrocknen. Wenn der Ritterstern einen Trieb gebildet hat, muss er kräftiger gegossen und einmal pro Woche einen ausgewogenen, zur Hälfte verdünnten Flüssigdünger bekommen. Stellen Sie die Pflanzen an einen hellen Platz, aber nicht in die direkte Sonne. Nach der Blütezeit wird langsam weniger gegossen, bis die Blätter eingezogen sind. Während der Ruheperiode sollten die Zwiebeln dann völlig trocken bleiben und erst im Spätherbst wieder zum Wachsen gebracht werden, damit sie zu Frühjahrsbeginn blühen.

Rittersterne wachsen überraschenderweise in solchen Töpfen und Schalen besonders gut, die für die großen Zwiebeln eigentlich zu klein erscheinen. Nach drei bis vier Jahren müssen Sie ihre Pflanzen dann aber doch umtopfen. Dies sollten Sie stets im Herbst erledigen, also bevor Sie die Pflanzen wieder zum Wachsen bringen, weil die Stressbelastung dann am geringsten ist.

Auch vom Ritterstern kommen praktisch jedes Jahr neue Zuchtformen auf den Markt, aber viele Pflanzenfreunde greifen auch gern auf ältere, verlässliche Sorten zurück, etwa auf 'Apple Blossom' mit ihren weißen Blüten, die am Rand in ein zartes Rosa übergehen; 'Picotee', deren weiße Blüten mit einem feinen roten Rand besitzen; 'Red Lion' mit scharlachroten Blüten oder 'Lady Jane' mit gefüllten, rosa und weiß gestreiften Blüten.

Linke Seite: Bei guter Pflege und mit einer Ruheperiode im Sommer blüht der Ritterstern mehrere Jahre hintereinander.

Links: Damit das Riemenblatt *(Clivia miniata)* so schön blüht, braucht es nach der Ruheperiode eine Phase, in der wenig gegossen wird, bis der Blütentrieb mindestens 15 cm lang ist.

FROSTEMPFINDLICHE ZWIEBELGEWÄCHSE

Winterharte Zwiebelgewächse, beispielsweise Narzissen, Tulpen, Hyazinthen oder Krokusse können in gemäßigten Breiten auch im Freien angezogen und dann im Spätwinter oder im Frühling in die Wohnung geholt werden. Es gibt aber auch frostempfindliche Zwiebelpflanzen, die nur im Haus wachsen können. Im Gegensatz zu den winterharten Zwiebelgewächsen muss man diese Pflanzen nicht vorziehen.

Setzen Sie die Zwiebeln in eine Schalen mit Löchern und einem geeigneten Substrat und stellen Sie das Gefäß bei Zimmertemperatur an einen hellen Platz. Gießen Sie bis zum Erscheinen der ersten Triebe sparsam, danach etwas kräftiger. Von immergrünen Arten und Sorten abgesehen, benötigen alle frostempfindlichen Zwiebelgewächse eine Ruheperiode. Gießen Sie nach der Blütezeit noch weiter, bis alle Blätter und Triebe eingezogen sind, und schneiden Sie die Reste dann ab. Bewahren Sie die Zwiebeln – entweder in ihren Töpfen oder in einer Kiste mit Torf – an einem kühlen, frostfreien, dunklen Platz auf und gießen Sie während der Ruheperiode nicht.

Rechts: Das Riemenblatt, manchmal auch Klivie genannt, blüht jedes Jahr, vorausgesetzt, es bekommt im Winter eine kühle Ruheperiode. Wenn die Pflanze Knospen hat oder blüht, sollte man den Topf nicht mehr umstellen und keinesfalls umtopfen.

Rechte Seite links: Auch aus Zwiebeln gezogene Schwertlilien kann man gut in der Wohnung halten. *Iris reticulata* ist eine besonders schöne, im Frühjahr blühende, mild duftende Pflanze. Vielen Sorten haben blaue Blüten.

Ganz rechts: Lilien sind fantastische Topfpflanzen. Durch genau geplantes Einpflanzen blühen sie zu den unterschiedlichsten Zeiten – vorausgesetzt, sie haben zuvor kühl gestanden.

ARTEN UND SORTEN

Babiana stricta (Afrikanische Iris)

Diese Zwiebelpflanze, die aus Südafrika stammt und manchmal auch Pavianblume genannt wird, benötigt im Winter eine Mindesttemperatur von 5°C. Sie wird 15–30 cm groß und hat aufrechte wachsende Stängel und Blätter sowie kleine, in kurzen Ähren angeordnete, duftende, im Frühjahr erscheinende Blüten. Diese sind trichter- bis röhrenförmig und bläulich, violett, beigefarben oder auch gelblich. Die Pflanz- und Blütezeit kann – je nach Sorte – etwas unterschiedlich sein; im Frühjahr gepflanzte Knollen blühen im folgenden Herbst. Beliebte Sorten sind 'Purple Star' und 'Tubergen's Blue'.

Clivia miniata (Riemenblatt)

Diese immergrüne, mehrjährige Pflanze aus Südafrika braucht im Winter eine Mindesttemperatur von etwa 10°C. Genau betrachtet hat sie eigentlich gar keine richtige Zwiebel, sondern einen, von dicken Blattscheiden umhüllten Zwiebelstamm. Die Pflanzen werden bis 45 cm hoch und bilden vom späten Frühjahr bis in den Sommer eine Dolde aus röhrenförmigen Blüten. Diese können orange, hellrot oder beigefarben sein und wachsen an einem kräftigen Stängel, der von bandförmigen, glänzenden, grünen Blättern umge-

ben ist. Das recht langlebige Riemenblatt braucht das ganze Jahr über eine aufmerksame Pflege, weil sonst keine Blüten gebildet werden.

Freesia cvs.

Diese Knollenpflanzen kennen wir hauptsächlich als Schnittblumen, aber man kann sie auch in Töpfen ziehen. Verwenden Sie dazu speziell für die Wohnung präparierte Freesien-Knollen aus dem Handel, denn für das Freiland vorgesehene Freesien lassen sich nicht vortreiben. Es gibt zahlreiche Sorten, die vom Spätwinter bis ins fortgeschrittene Frühjahr an bis zu 45 cm langen, drahtigen, verzweigten Stängeln duftende Blüten in den verschiedensten Farben hervorbringen. Pflanzen Sie die Knollen zwischen Spätsommer und Winteranfang, damit die Freesien dann im Frühjahr blühen. Nach der Blüte wird langsam weniger gegossen, bevor man die trockenen Knollen dann bis zum Herbst einlagert.

Iris (Schwertlilie)

I. reticulata und die von dieser Art abstammenden Sorten sieht man zwar häufig im Garten; man kann sie aber auch in Töpfen mit gut durchlässiger Erde ziehen. Die bis zu 6 cm großen Blüten der meisten Schwertlilien duften; nach der Blüte sollten Sie die Pflanzen in Freie setzen.

Lachenalia aloides (Lachenalie)

Dieses mehrjährige Zwiebelgewächs hieß früher *L. tricolor.* Die Art hat

kräftige, bis zu 30 cm lange Stängel, an denen zahlreiche schmale, gelbe, glockenförmige Blüten mit grüner und roter Zeichnung sitzen; die gebogenen, riemenförmigen Blätter sind häufig gemustert. Die aus Südafrika stammenden Pflanzen sind nicht winterhart, blühen in der Wohnung aber von Winter bis Frühjahrsbeginn, sofern die Knollen im Spätsommer gepflanzt wurden.

Lilium (Lilie)

Zu dieser Gattung gehören viele hübsche Sorten, die auch für Blumentöpfe geeignet sind und beispielsweise einen Wintergarten viel lebendiger machen können. Ihre Farben reichen von strahlend weißen bis zu flammend roten und gelben Schattierungen und viele Lilien duften lieblich.

Nerine

Zu dieser Gattung gehören sowohl die winterharte *N. bowdenii* als auch die frostempfindliche *N. flexuosa*, die beide aus Südafrika stammen. Im Spätherbst bilden die Zwiebelpflanzen an bis zu 45 cm langen Stängeln große Blüten mit zurückgebogenen, häufig leicht verdrehten Blütenblättern. Die Sorte 'Alba' hat weiße Blüten und hübsche, grasartige Blätter. Pflanzen Sie die Zwiebeln dieser Zuchtform im Spätsommer. *N. sarniensis* ähnelt *N. flexuosa*, doch sind ihre weißen, orangefarbenen oder roten Blütenblätter schmaler.

8 VERMEHRUNG

Die Vermehrung von Pflanzen macht sehr viel Spaß –
gleichgültig ob dies durch Samen, Ableger, Stecklinge
oder eine der anderen Methode geschieht.

Links: Pflanzen durch Aussaat, Teilung oder Ableger zu vermehren, macht nicht nur viel Spaß, sondern man bekommt auch viele neue Pflanzen für wenig Geld.

Rechts: *Streptocarpus* (Drehfrucht) lässt sich zwar aus Samen ziehen, aber man bekommt oft nicht, was man erwartet. Wenn Sie ein exaktes Ebenbild der Mutterpflanze haben möchten, sollten Sie die Art besser vegetativ vermehren.

Viele Pflanzen lassen sich aus Samen ziehen, wobei sich einjährige Blütenpflanzen für den Anfang besonders gut eignen. Die meisten Samen sind zwar nur in größeren Mengen erhältlich, aber eigentlich kann man auch gar nicht genug Exemplare von *Impatiens* (Fleißiges Lieschen), *Schizanthus* (Spaltblume), *Thunbergia* (Schwarzäugige Susanne) und *Calceolaria* (Pantoffelblume) besitzen. Und wenn es dennoch zu viele geworden sind, wird es Ihnen nicht schwer fallen, ein neues Zuhause für die überzähligen Pflanzen zu finden. Das Aussäen kann aber auch notwendig sein, wenn es von bestimmten, einjährigen Zimmerpflanzen keine vorgezogenen Exemplare zu kaufen gibt.

Kurzlebige Topfpflanzen wie *Primula sinensis* (Chinaprimel) und *P. malacoides* (Fliederprimel) bringen Ihnen mehr Freude und kosten weniger, wenn Sie diese aus Samen ziehen. Ist das gelungen, können Sie mit schwierigeren Pflanzen weitermachen, z. B. mit bestimmten Sukkulenten oder Kakteen. Haben Sie die erst einmal zum Wachsen gebracht, werden Sie schon bald süchtig

nach dieser Beschäftigung sein. Wenn Sie Pflanzen aus Samen ziehen, können Sie nicht immer sicher sein, was dabei herauskommt, da der Natur – außer bei F1-Hybriden – immer noch ein gewisser Spielraum bleibt und sie einige Details, beispielsweise die genaue Blütenfarbe oder die Zeichnung, selbst festlegt. Viele Pflanzen lassen sich aber auch vegetativ vermehren, also durch Stecklinge, Teilung des Wurzelballens oder durch Ableger, die von der Mutterpflanze gebildet wurden. Das Ergebnis sind identische Tochterpflanzen. Eine Möglichkeit, Pflanzen vegetativ zu vermehren sind Blattstecklinge. Dabei schneidet man von der Mutterpflanze Blätter ab und regt diese dann zur Wurzelbildung an. Manchmal benutzt man dabei ganze Blätter, in anderen Fällen schneidet man ein Blatt auch in Quadrate, bzw. Recht- oder Dreiecke. Die meisten Blätter bewurzeln sich am besten zwischen Früh- und Hochsommer.

Sukkulenten sind beliebte Zimmerpflanzen und wenn sie sich erst einmal eingelebt haben, bringen sie das ganze Jahr über Abwechslung auf ein sonniges

Fensterbrett. Sie vertragen hohe Temperaturen noch vergleichsweise gut und viele von ihnen lassen sich durch Samen oder Stecklinge vermehren.

Teilung ist eine einfache Vermehrungsmethode für größere Zimmerpflanzen. Allerdings darf der Wurzelballen dabei nicht in zu kleine Stücke zerteilt werden, weil man sonst keine kräftigen Pflanzen bekommt. Verwenden Sie stets junge, gesunde Teile von der Außenseite des Wurzelballens und entfernen Sie alte Wurzeln aus der Mitte. Durch Wurzelteilung lassen sich beispielsweise *Saintpaulia* (Usambaraveilchen), *Spathiphyllum walisii* (Einblatt), *Maranta* (Pfeilwurz), viele Farne und auch einige Sukkulenten problemlos vermehren. Stammstecklinge sind blattlose Stücke von Pflanzen mit dicken Stängeln, etwa Palm- und Keulenlilien. Sie werden in kleine Teile geschnitten und entweder senkrecht in gut durchlässige Erde gesteckt oder waagrecht darauf gelegt. Dies ist eine gute Vermehrungsmethode für Pflanzen, die im unteren Teil ihre Blätter verloren haben und dadurch unansehnlich geworden sind.

AUSSAAT

Um Pflanzen aus Samen zu ziehen, brauchen Sie einen Platz, an dem Sie die Saatschalen bei einer relativ konstanten, nicht zu kühlen Temperatur aufbewahren können, damit die Sämlinge bei ausreichend Licht, aber auch frei von Zugluft ungestört heranwachsen können; außerdem brauchen die Töpfe mit den umgepflanzten Sämlingen später einiges an Platz. Ein Gewächshaus ist dafür in der Regel allerdings nicht nötig – zumeist reicht ein helles Gästezimmer oder sogar ein Fensterbrett in der Küche.

Verwenden Sie für kleine Samenmengen kleinere Saatschalen und normal große Saatschalen für größere Mengen. Waschen und säubern Sie die Schalen sorgfältig. Geben Sie nur Samen einer Art in jede Saatschale, weil die Pflanzen häufig unterschiedlich schnell wachsen und kennzeichnen Sie die Schalen mit Plastiketiketten und einem wasserfesten Stift.

Überprüfen Sie die Erde jeden Tag, ohne die Schale jedoch groß zu bewegen. Gießen Sie bei Bedarf vorsichtig, damit das Substrat immer leicht feucht bleibt, ohne durchnässt zu sein. Sorgen Sie für eine möglichst gleichmäßige Temperatur und vermeiden Sie Zug. Wenn auf dem Samenpäckchen nicht anders angegeben, sollte die Temperatur bei etwa 16–21°C liegen.

Keimende Samen bewahren Sie am besten im Dunklen auf, etwa in einem Schrank; Sie können aber auch eine gefaltete Zeitung über das Glas oder auf den Deckel der Saatschale legen. Wenn sich die ersten Keimblätter zeigen, werden die Sämlinge an einen hellen Platz (aber nicht in die pralle Sonne) gebracht. Entfernen Sie die Abdeckung bzw. Plastiktüte oder öffnen Sie – sofern vorhanden – die Luftschlitze der Saatschale, damit die Sämlinge frische Luft bekommen. Sind die Sämlinge groß genug, werden sie pikiert.

PFLANZEN AUS SAMEN ZIEHEN

1 Füllen Sie die Saatschale mit einer Schicht Torf oder Torfersatz. Tonschalen sollten Sie 24 Stunden in Wasser einweichen und den Boden dann mit kleinen, sauberen Tonscherben auslegen. Bedecken Sie die Scherben dann mit einer leichten, sterilen Anzuchterde und drücken Sie das Substrat auch in die Ecken, damit keine Lücken entstehen.

2 Füllen Sie die Schale dann ganz mit Erde und ebnen Sie die Oberfläche ein, indem Sie mit einem kleinen Brett mehrmals darüber streichen. Drücken Sie die Erde dann mit der Hand oder einem Holzklotz fest. Die Saatschale sollte nun bis etwa 2 cm unter ihrem Rand mit Erde gefüllt sein und eine glatte Oberfläche besitzen.

3 Falten Sie ein Blatt Papier und schütten Sie die Samen in den Falz. Klopfen Sie dann vorsichtig gegen den Rand des Blattes, damit sich die Samen gleichmäßig auf dem Substrat verteilen. Achten Sie darauf, dass die Samen nicht zu nahe an den Rand der Schale fallen, da die Erde dort schneller austrocknet. Beschriften Sie die Schale anschließend mit dem Namen der Pflanzen und dem Datum.

5 Wässern Sie das Substrat, indem Sie die Schale in eine Schüssel stellen, die etwa zur Hälfte mit Wasser gefüllt ist. Lassen Sie die Schale so lange in der Schüssel, bis das Wasser die oberste Erdschicht erreicht hat. Nun ist das Substrat gleichmäßig feucht. Nehmen Sie die Schale anschließend aus der Schüssel und lassen Sie das überschüssige Wasser ablaufen. Wenn Ihre Saatschale einen Deckel besitzt, wird dieser jetzt aufgelegt.

7 Wenn man die Sämlinge problemlos anfassen kann, werden sie in eine andere Schale umgepflanzt. Bereiten Sie dazu eine weitere Schale mit Erde vor (s.o.) und halten Sie eine feuchte Zeitung bereit, auf die Sie die Sämlinge zwischenzeitlich stellen können, damit die Wurzeln nicht austrocknen. „Graben" Sie die Sämlinge mit einem Pflanzenetikett oder einer Gabel aus, ohne dabei die Wurzeln zu beschädigen.

4 Die meisten Samen keimen besser, wenn sie mit einer dünnen Erdschicht bedeckt sind (lesen Sie diesbezüglich die Packungsaufschrift). Daher sollten Sie im Normalfall eine dünne Erdschicht über die Samen streuen – etwa drei- bis viermal so dick wie der Durchmesser der Samen. Bei sehr kleinen Samen ist nur eine hauchdünne Schicht notwendig.

6 Haben Sie keinen Deckel, können Sie die Saatschale in eine Plastiktüte stecken und diese locker zubinden oder die Schale mit einer Glasscheibe abdecken, die die Erde nicht berühren darf. Decken Sie die Samen zusätzlich mit einer Zeitung ab, damit sie im Dunkeln keimen können. Nehmen Sie das Glas oder die Tüte täglich ab, um das Kondenswasser zu entfernen.

8 Bohren Sie in einem Abstand von 4–5 cm Löcher in die frische Erde. Setzen Sie die Sämlinge so in die einzelnen Löcher, dass sich ihre Keimblätter gerade über dem Substrat befinden und drücken Sie die Erde vorsichtig an. Wässern Sie wie oben beschrieben und stellen Sie die Schale an einen hellen Platz ohne direkte Sonne. Wenn die ersten echten Blätter erscheinen, bekommt jede Pflanze ihren eigenen Topf.

STECKLINGSVERMEHRUNG

Durch Stecklinge können Sie einjährige oder zu groß gewordene Pflanzen besonders einfach ersetzen. Aber natürlich kann man die Methode auch verwenden, um zusätzliche Exemplare für die Wohnung heranzuziehen.

Zur Stecklingsvermehrung brauchen Sie ein gut durchlässiges Substrat, das aber dennoch die Feuchtigkeit hält. Die Bewurzelung der Stecklinge sollte an einem hellen Platz mit einer gleichmäßigen Temperatur von normalerweise 13–18°C erfolgen; bei bestimmten tropischen Pflanzen kann aber auch eine höhere Temperatur notwendig sein. Neben der Wärme ist vor allem die Feuchtigkeit wichtig, denn Stecklinge haben ja anfangs noch keine oder nur wenige Wurzeln und können daher Wasser viel schlechter aufnehmen als vollständig bewurzelte Pflanzen.

Daher ist eine feuchte Atmosphäre notwendig, damit nicht zuviel Flüssigkeit durch Verdunstung verloren geht.

KOPFSTECKLINGE

Schneiden Sie einen gesunden, älteren Trieb von der Außenseite der Pflanze ab, nachdem die Pflanze am Tag zuvor noch einmal gut gegossen wurde und pflanzen Sie ihn ein. Stellen Sie den Steckling an einen warmen, hellen Platz (aber nicht in die pralle Sonne), bis sich neue Wurzeln gebildet haben. Pflanzen Sie den Steckling anschließend um und kneifen Sie, wenn er größer geworden ist, die Triebspitzen ab, damit die Pflanze schön buschig wird.

1 Schneiden Sie mit einem schärfen Messer oder Skalpell einen 8–13 cm langen, gesunden Trieb ab. Setzen Sie das Messer dazu knapp über einem Knoten (Nodus) an und schneiden Sie dann schräg vom Knoten weg.

2 Kürzen Sie den Trieb, indem Sie ihn direkt unterhalb eines anderen Knotens abschneiden, denn dort bilden sich die neuen Wurzeln. Entfernen Sie anschließend das unterste Blatt oder Blattpaar.

Bewurzelung im Wasser

Stecklinge des Usambaraveilchens bilden ihre Wurzeln auch in Wasser. Umwickeln Sie eine Flasche mit Küchenpapier und befestigen Sie es mit einem Gummiband. Bohren Sie ein Loch in das Küchenpapier und stecken Sie den Blattstiel hindurch. Stecken Sie den Steckling in die Flasche und stellen Sie diese an einen warmen, hellen Platz. Achten Sie darauf, dass der Steckling stets im Wasser steht, bis sich die Wurzeln gebildet haben.

3 Bohren Sie ein Loch in die Erde eines Topfes. Tauchen Sie den Steckling in Bewurzelungshormon und pflanzen Sie ihn vorsichtig ein.

4 Gießen Sie an und errichten Sie ein „Zelt" aus einer Plastiktüte (mit Luftlöchern) über dem Steckling, damit die Erde länger feucht bleibt.

TRIEBSTECKLINGE

Pflanzen wie *Hedera* spp. (Efeu) und andere Arten mit langen, hängenden, verholzenden Stängeln, an denen Blätter in regelmäßigen Abständen sitzen, lassen sich gut durch Triebstecklinge vermehren, also durch Abschnitte, die keine Wachstumszone haben müssen.

Unterteilen Sie einen längeren Trieb in mehrere Abschnitte. Setzen Sie diese in Töpfe mit Anzuchterde, gießen Sie an und errichten Sie darüber ein „Plastikzelt", bis das neue Wachstum einsetzt. Die jungen Stecklinge haben nun Wurzeln gebildet und können umgepflanzt werden.

BLÄTTER MIT STIEL

Diese Form der Vermehrung eignet sich besonders gut für Pflanzen mit weichen Stängeln.

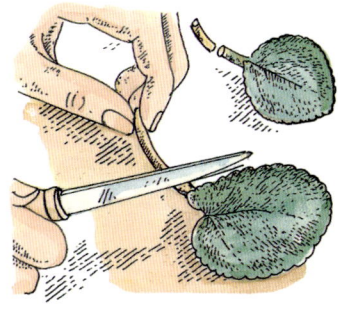

1 Schneiden Sie mit einem scharfen Messer von einer dicht belaubten Pflanze ein Blatt mit festem, fleischigem Stiel an der Ansatzstelle ab und kürzen Sie ihn dann auf eine Länge von 3–4 cm ein.

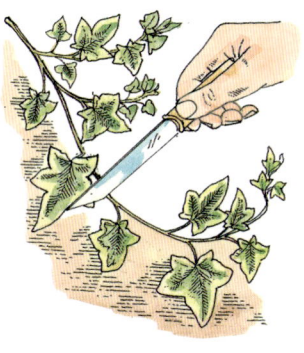

1 Schneiden Sie mit einem scharfen Messer einen jungen, unverholzten Trieb über einem Knoten ab und zerteilen Sie ihn in kleinere Stücke.

3 Gießen Sie an und decken Sie den Topf dann mit einem „Plastikzelt" ab. Achten Sie darauf, dass die Blätter die Folie nicht berühren.

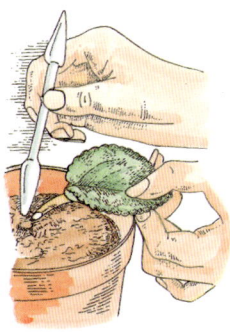

2 Bohren Sie mit einem Bleistift Löcher in die Anzuchterde eines Topfes. Stecken Sie dann mehrere Stecklinge in diesen Topf, aber nicht zu nahe an den Rand, denn dort trocknet die Erde schneller aus.

4 Wenn sich neue, kleine Blätter zeigen, haben die Stecklinge Wurzeln gebildet und können nun einzeln in kleine Töpfe mit Blumenerde umgesetzt werden.

2 Bohren Sie mit einem Bleistift ein Loch in die Anzuchterde eines Topfes. Tauchen Sie die Spitze des Blattstiels in Bewurzelungshormon und pflanzen Sie den Steckling ein. Stellen Sie den Topf in eine Schüssel mit Wasser, und dann unter ein „Plastikzelt". Bewurzeln sollte sich der Steckling an einem warmen Platz.

BLATTSTECKLINGE

Bevor Sie ein Blatt abschneiden, sollten Sie die Mutterpflanze mehrmals kräftig gießen (am besten schon am Vortag), damit sich das Blatt voll Wasser saugt und nicht schon verwelkt, bevor sich Wurzeln gebildet haben. Nehmen Sie ein nicht zu altes, unbeschädigtes, gesundes Blatt, weil sich daran die Wurzeln besser entwickeln.

Nachdem Sie die Blätter oder Blattstücke auf das Substrat gelegt haben, stellen Sie das Gefäß an einen hellen Platz, aber keinesfalls in die pralle Sonne, weil besonders kleine Blattquadrate und -dreiecke sonst schnell verwelken. Ein guter Standort ist ein kühles, schattiges Fensterbrett. Halten Sie die Erde während der Wurzelbildung feucht. Entfernen Sie die Plastikabdeckung, sobald sich Wurzeln und Jungpflanzen entwickelt haben und wählen Sie nun einen etwas kühleren Platz.

STECKLINGE AUS GANZEN BLÄTTERN

Bei Pflanzen wie *Begonia rex*, *B. masonia* und *Streptocarpus* (Drehfrucht) kann man vollständige Blätter auf die Anzuchterde legen und so mehrere Jungpflanzen aus einem einzigen Blatt bekommen.

1 Schneiden Sie ein gesundes Blatt nahe am Stängel ab und zwar so, dass nichts vom Blattstiel an der Pflanze zurückbleibt, weil der Stumpf dort später verfaulen würde. Trennen Sie den Stiel anschließend dicht am Blatt ab.

2 Machen Sie mit einem scharfen Messer in Abständen von 20–25 mm Schnitte in das Blatt, die quer über die Haupt- und Nebenadern verlaufen sollten. Schneiden Sie das Blatt dabei aber nicht vollständig durch.

3 Legen Sie das Blatt mit den Adern nach unten auf ein Substrat, das zu gleichen Teilen aus Torf und Sand besteht. Wichtig ist, dass das Blatt eng anliegt. Beschweren Sie es dazu mit Steinen oder sichern Sie es mit gebogenen Drahtstücken.

4 Gießen Sie an und stellen die mit einem durchsichtigen Deckel abgedeckte Schale an einen nicht zu warmen, halb schattigen Platz. Sind die Jungpflanzen groß genug, werden sie umgepflanzt.

Blattstücke

Bei bestimmten Pflanzen, etwa einige Sorten von
Streptocarpus (Drehfrucht), können Sie nicht nur
ganze Blätter zur Vermehrung verwenden, sondern
auch Blattstücke. Trennen Sie ein gesundes Blatt ab
und legen Sie es auf ein Brett. Schneiden Sie es mit
einem scharfen Messer mehrfach quer durch, so
dass etwa 5 cm breite Stücke entstehen. Bohren Sie
mit der Messerspitze ungefähr 2 cm tiefe Schlitze in
die Anzuchterde, stecken Sie dort die Blattstücke
hinein und drücken Sie die Erde um die Pflanzstelle
leicht an.

Blattdreiecke

Der Vorteil von Blattdreiecken ist, dass sie sich
leichter in die Erde stecken lassen als Quadrate.
Gießen Sie die Mutterpflanze zunächst einmal
kräftig und entfernen Sie dann am nächsten Tag
ein gesundes Blatt. Zerschneiden Sie es mit einem
scharfen Messer in Dreiecke, wobei die Spitze eines
jeden Dreieckes zur Ansatzstelle des Blattstieles
zeigen sollte. Füllen Sie eine Saatschale zu gleichen
Teilen mit feuchtem Torf und grobem Sand und
drücken Sie die Erde fest. Bohren Sie mit einem
Messer Schlitze in das Substrat und stecken Sie die
Stecklinge mit der Spitze nach unten bis etwa zur
Hälfte hinein. Drücken Sie die Erde vorsichtig an
stellen Sie die Schale dann in den Halbschatten.

Blattquadrate

Durch das Aufteilen in Quadrate erhalten Sie
deutlich mehr Blattstücke als wenn sie Dreiecke
(siehe oben) herstellen. Schneiden Sie zuerst ein
Blatt von einer gesunden Pflanze ab, entfernen Sie
dann den Stiel und legen Sie das Blatt auf ein Brett.
Zerteilen Sie es dann in etwa 3 cm breite Streifen,
von denen jeder ein Stück der Haupt- oder einer
großen Nebenader enthält. Schneiden Sie anschließend jeden Streifen in Quadrate und stecken
Sie diese einzeln in ein Gemisch, das zu gleichen
Teilen aus Torf und Sand besteht, wobei noch zwei
Drittel des Blattstückes herausschauen sollten.
Achten Sie darauf, dass sich die Seite des Qua-
drates, die dem Blattstiel am nächsten war, in der
Erde befindet, weil sonst keine Wurzeln gebildet
werden. Anschließend drücken Sie die Erde um die
Blattquadrate vorsichtig fest, gießen nicht zu stark
an und stellen die Anzuchtschale an einen nicht
zu warmen Platz in den Halbschatten, nachdem
sie zuvor mit einem durchsichtigen Plastikdeckel
abgedeckt wurde.

Horizontale Blattquadrate

Es gibt auch die Möglichkeit, Blattquadrate auf einem
Gemisch aus gleichen Teilen Torf-Sand und Torf Wurzeln
bilden zu lassen. Dazu legt man die Stücke, die eine
Kantenlänge von etwa 3 cm haben sollten, auf das Substrat und befestigt sie mit einem gebogenen Drahtstück,
mit dem sich die kleinen Quadrate besser fixieren lassen
als mit Steinen.

STAMMSTECKLINGE

Bei dieser Art von Stecklingen werden blattlose Stängel in 8–13 cm lange Stücke geschnitten und dann entweder senkrecht in Töpfe mit sandiger Erde gesteckt oder waagrecht in das Substrat gedrückt. Auf diese Weise können Sie z. B. Palmlilien und Dieffenbachien vermehren; manchmal gibt es aber auch speziell behandelte Palmlilien-Stecklinge im Handel. Diese stecken Sie senkrecht in die Anzuchterde und stellen den Topf dann an einen nicht zu warmen Platz, bis sich neue Wurzeln und erste Triebe gebildet haben. Ältere Dieffenbachien haben häufig lange, kahle Triebe, an deren Spitzen noch einige Blätter sitzen. Aus solchen Stängeln lassen sich zumeist noch sehr gut Stecklinge herstellen.

Schneiden Sie die Triebe in ungefähr 8 cm lange Stücke, aber berühren Sie weder Mund noch Augen, nachdem Ihre Hände in Kontakt mit dem giftigen Saft der Dieffenbachie gekommen sind.

VERMEHRUNG DURCH STAMMSTECKLINGE

1 Schneiden Sie bei einer Dieffenbachie mit einem scharfen Messer einen kräftigen Stängel in Substratnähe ab. Achten Sie darauf, dass kein hässlicher Stumpf zurückbleibt.

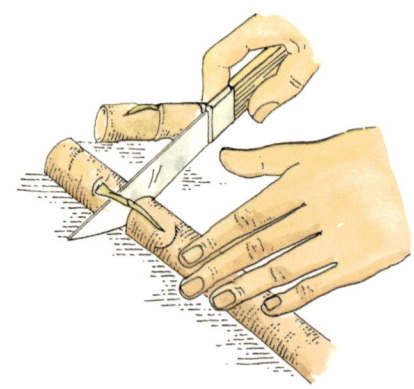

2 Schneiden Sie den Stängel in mehrere, etwa 8 cm lange Stücke. Achten Sie darauf, dass sich an jedem Stück mindestens eine kräftige, gesunde Blattknospe befindet.

3 Füllen Sie einen Topf bis 1 cm unter den Rand mit einem Torf-Sand-Gemisch. Drücken Sie jeden Steckling zur Hälfte in die Erde und befestigen Sie ihn mit Drahtschlingen.

4 Gießen Sie an und lassen Sie überschüssiges Wasser ablaufen. Als Verdunstungsschutz bekommt der Topf eine kleine Kuppel aus durchsichtiger Kunststofffolie.

TEILUNG

Teilung ist eine einfache Methode, zu groß gewordene Zimmerpflanzen zu vermehren, beispielsweise Usambaraveilchen *(Saintpaulia)* aber auch zahlreiche andere Arten und Sorten. Klopfen Sie dazu den Topfrand leicht gegen eine harte Kante,

damit sich der Wurzelballen löst. Nehmen Sie die Pflanze heraus und teilen Sie den Ballen, indem sie ihn vorsichtig auseinander ziehen. Setzen Sie jedes der beiden Teile in einen sauberen, nicht zu großen, mit Pflanzenerde gefüllten Topf.

Pflanzen mit panaschierten Blättern, etwa *Sansevieria trifasciata* 'Laurentii'(Bogenhanf), sollte man sogar unbedingt durch Teilung vermehren, weil nur dann sichergestellt ist, dass das hübsche Blattmuster der Mutterpflanze auch tatsächlich erhalten bleibt.

DIE TEILUNG VON BOGENHANF

1 Wenn bei großen Bogenhanf-Exemplaren mit zahlreichen, langen Blättern der Topf vollständig durchwurzelt ist, empfiehlt es sich, die Pflanze zu teilen, damit sie auch weiterhin kräftige und gesunde Blätter bilden kann. Gießen Sie den Bogenhanf am Tag vor der Teilung noch einmal kräftig an, damit Wurzeln, Stängel und Blätter sich voll Wasser saugen können, denn trockene Pflanzen überstehen eine Teilung normalerweise sehr viel schlechter als gut gegossene Exemplare.

2 Drehen Sie die Pflanze um und klopfen Sie mit dem Topfrand vorsichtig gegen eine harte Kante, bis der Wurzelballen sanft aus dem Topf gleitet. Entwirren Sie den Wurzelballen ein wenig und ziehen Sie ihn auseinander. Unter Umständen müssen Sie einige Wurzeln durchtrennen, doch sollten Sie niemals den gesamten Wurzelballen einfach zerschneiden. Verwerfen Sie alte Wurzeln aus der Pflanzenmitte und verwenden Sie nur die äußeren Teile.

3 Nehmen Sie einen sauberen Blumentopf, der etwas kleiner ist als der alte. Füllen Sie Erde ein und setzen Sie eines der Teilstücke so in die Mitte, dass der alte Substratrand etwa 1 cm unter dem Rand des neuen Topfes liegt. Verteilen Sie vorsichtig etwas Erde zwischen die Wurzeln und füllen Sie den Topf dann bis 1 cm unter den Rand mit Substrat. Drücken Sie die Oberfläche leicht fest, bevor Sie gut angießen und überschüssiges Wasser ablaufen lassen.

AUSLÄUFER UND JUNGPFLANZEN

Viele Zimmerpflanzen haben Ableger, aus denen man neue Pflanzen ziehen kann. So bilden manche Arten Ausläufer oder Stolonen, also am Boden entlang kriechende Sprosse, an denen sich winzige neue Pflanzen entwickeln. Solche Triebe sehen bei Zimmerpflanzen zumeist sehr hübsch aus und werden daher gern an der Mutterpflanze belassen. Bei anderen Arten entwickeln sich neue Pflanzen an überhängenden Trieben, wenn diese den Boden berühren, und es gibt auch eine Reihe von Pflanzen, bei denen die Ableger direkt an der Mutterpflanze sitzen. All diese Miniaturpflanzen können Sie einfach abnehmen und einpflanzen. Einige Jungpflanzen bilden schon Wurzeln, wenn sie noch an der Pflanze hängen, bei anderen entwickeln sie sich erst, wenn sie in direkten Kontakt mit einem geeigneten Substrat kommen.

Echte Ableger

Bei *Chlorophytum comosum* (Grünlilie) und *Saxifraga stolonifera* (Judenbart) ist die Vermehrung durch Ableger besonders einfach, denn beide bilden an der Spitze langer, überhängender Triebe Miniaturausgaben der Mutterpflanze. Stellen Sie um ein Exemplar mit Ablegern kleine Töpfe mit Anzuchterde. Gießen Sie alle Töpfe, biegen Sie die Triebe mit den Ablegern in die Töpfe herunter und befestigen Sie diese dort mit einer Haarnadel oder Drahtschlinge. Schneiden Sie die Jungpflanzen ab, sobald sie ein wenig gewachsen sind.

Brutblätter

Einige Pflanzen bilden ihre Ableger auch in größerer Zahl direkt an den Blättern. Diese „Sprösslinge", die zumeist schon kleine Wurzeln besitzen, können Sie leicht abnehmen und in ein neues Gefäß mit feuchtem Substrat setzen. Beispiele hierfür sind *Kalanchoe delagonensis* (syn. *K. tubiflora*; Röhrenblütiges Brutblatt) mit Ablegern an der Blattspitze und *K. daigremontiana* (syn. *Bryophyllum daigremontianum*; Brutblatt) mit Ablegern am Blattrand.

Andere Ableger

Bei viele Sukkulenten und Bromelien bilden sich Ableger direkt an der Basis. Manchmal sind sie leicht als neue Pflanzen zu erkennen, etwa bei Kakteen; bei vielen Bromelien muss man dagegen oft schon sehr genau hinsehen. Schneiden Sie die Ableger beim Umtopfen ab, wobei Sie darauf achten müssen, dass sich ein Stück Wurzel daran befindet. Bei Kakteen lässt man die Ableger einige Tage lang trocknen, bei anderen Pflanzen setzt man sie sofort ein. Füllen Sie dazu Töpfe zur Hälfte mit Substrat, stellen Sie die Jungpflanze darauf und ergänzen Sie die noch fehlende Erde. Drücken Sie das Substrat fest und gießen Sie gut an.

Manche Zwiebeln bilden ebenfalls Ableger. In der Regel handelt es sich dabei um winzige Tochterzwiebelchen, die man von der Mutterzwiebel abtrennen und einpflanzen kann.

BRUTBLATT-ABLEGER BEWURZELN

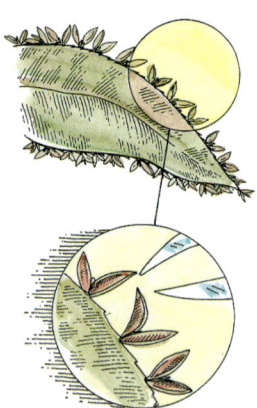

1 Gießen Sie die Mutterpflanze am Tag bevor Sie die Ableger einpflanzen wollen noch einmal kräftig. Nehmen Sie mit den Fingern oder einer Pinzette von jedem Blatt nur wenige „Sprösslinge" ab (damit die Pflanze ihr hübsches Aussehen behält).

2 Setzen Sie die Jungpflanzen in Töpfe mit 8 cm Durchmesser. Wählen Sie den Abstand so, dass für jede ausreichend Platz vorhanden ist. Wenn die Pflanzen deutliches Wachstum zeigen, können sie einzeln in eigene Töpfe gesetzt werden.

ABSENKER

Beim Absenken werden Triebe auf ein Substrat heruntergebogen, damit sie sich dort bewurzeln können. Bei dieser Form der Vermehrung schaffen Sie ein genaues Abbild der Mutterpflanze, die deshalb unbedingt gesund sein muss.

Gießen Sie die Pflanze am Vortag noch einmal gut an. Stellen Sie einen Topf mit Anzuchterde neben die Mutterpflanze. Biegen Sie einen Trieb in der Nähe eines Blattknotens, etwa 15 cm von der Triebspitze entfernt, zu einem V und verankern Sie dieses mit einer Drahtschlinge am Substrat. Häufeln Sie Erde über diese Stelle und halten Sie das Substrat feucht, damit sich neue Wurzeln bilden. Wenn sich an der Triebspitze frisches Wachstum zeigt, wird die neue Pflanze von der Mutterpflanze abgeschnitten.

ABMOOSEN

Diese vergleichsweise langsame Methode der Vermehrung eignet sich besonders für große, in die Höhe geschossene Pflanzen, die im unteren Teil keine Blätter mehr besitzen, was bei *Ficus elastica* (Gummibaum) häufig der Fall ist, aber manchmal auch bei Dieffenbachien, Drachenbäumen und beim Fensterblatt. Beim Abmoosen wird die Pflanze dazu gebracht, knapp unter dem letzten Blatt Wurzeln zu bilden. Ist das geschehen, schneidet man den Stängel ab und topft die Jungpflanze ein.

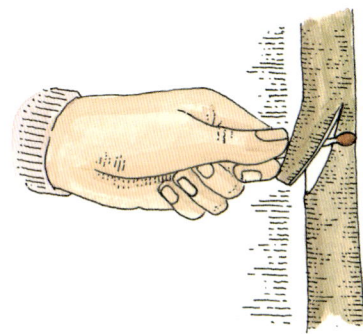

1 Schneiden Sie bei einer am Vortag noch einmal gut gegossenen Pflanze den Stängel 8–10 cm unter dem untersten Blatt etwa zwei Dritteln tief ein, wobei der Schnitt schräg nach oben verlaufen sollte. Halten Sie die Schnittstelle mit einem Streichholz offen, denn sobald sich die Schnittstelle schließt, heilt die Wunde und es bilden sich keine Wurzeln. Schneiden Sie die Streichholzenden ab und streichen Sie mit einer kleinen Bürste etwas Bewurzelungshormon um die Schnittstelle und in den Schnitt.

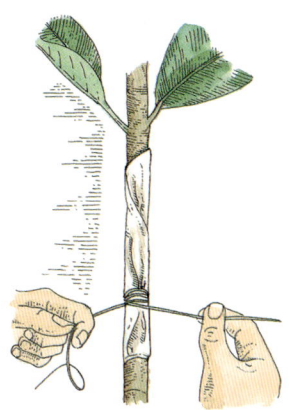

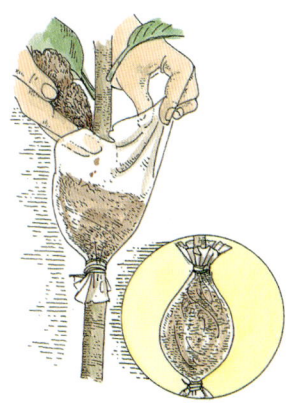

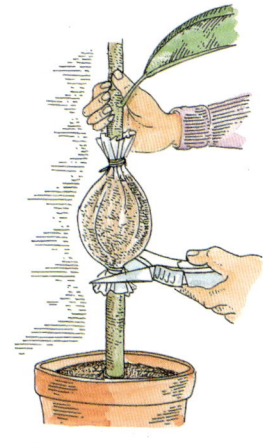

2 Hüllen Sie die Schnittstelle in Plastikfolie. Bringen Sie danach etwa 5 cm unterhalb des Einschnitts eine Schnur an und wickeln Sie diese dann mehrfach um die Folie.

3 Füllen Sie bis 8 cm unter den Rand feuchten Torf in die Folie und verschließen Sie diese dann auch am oberen Ende. Überprüfen Sie regelmäßig alle 14 Tage, ob der Torf noch feucht ist.

4 Nach zwei Monaten sind Wurzeln zu erkennen. Schneiden Sie den Stängel unterhalb der Plastikfolie ab, solange die Wurzeln noch weiß sind und topfen Sie die neue Pflanze ein.

Links: Stellen Sie Stecklinge von Kakteen an einen nicht zu warmen, halb schattigen Platz. Im Frühjahr und im Frühsommer sollte die Bewurzelung nur ein paar Wochen dauern.

VERMEHRUNG VON KAKTEEN UND ANDEREN SUKKULENTEN

Auch Sukkulenten lassen sich durch Stecklinge vermehren, etwa durch Blattstücke oder durch das Einpflanzen ganzer Blätter. Achten Sie beim Abnehmen von Blättern darauf, dass Sie den Gesamteindruck der Mutterpflanze nicht zerstören. Wenn Sie hinten an einer Pflanze ein paar Blätter entfernen, richtet das normalerweise keinen Schaden an und bleibt unbemerkt.

BLATTSTECKLINGE

Große Sukkulenten, etwa *Sansevieria trifasciata* (Bogenhanf) können Sie durch Blatt- oder Triebstecklinge vermehren.

1 Gießen Sie die Pflanze einige Tage vor dem Abnehmen der Stecklinge reichlich, denn schlaffe Blätter bewurzeln sich nicht gut. Schneiden Sie an verschiedenen Stellen mit einem scharfen Messer ein oder zwei Blätter an der Ansatzstelle ab.

2 Legen Sie das Blatt auf ein Brett und schneiden Sie es mit einem scharfen Messer in etwa 5 cm breite Stücke. Machen Sie saubere Schnitte, denn eingerissene Blattstücke bilden schlechter Wurzeln als Teilstücke mit unversehrtem Rand.

3 Füllen Sie einen nicht zu kleinen Topf mit einem Gemisch aus gleichen Teilen Torf und Sand. Stecken Sie die Stecklinge etwa 2 cm tief hinein. Gießen Sie das Substrat leicht an und stellen Sie den Topf dann an einen nicht zu warmen Platz.

Kleine und runde Blätter

Einige Sukkulenten haben kleine runde und flache Blätter, z.B. *Sedum sieboldii* und *S. s.* 'Mediovariegatum'. Diese Pflanzen können Sie im Frühjahr und im Frühsommer leicht vermehren, indem Sie die Blätter in ein gut durchlässiges Torf-Sand-Gemisch stecken.

Brechen Sie die Blätter ab, ohne sie dabei zu zerdrücken und lassen Sie diese ein paar Tage trocknen. Drücken Sie die einzelnen Blätter auf die Erde, gießen Sie leicht an und stellen Sie den Topf an einen nicht zu warmen, halb schattigen Platz.

Andere Blätter

Bei einigen Sukkulenten, beispielsweise *Crassula ovata* (Geldbaum), können Sie im Frühjahr und Frühsommer einzelne Blätter abnehmen und diese dann senkrecht in gut durchlässige Erde stecken.

Wählen Sie eine gesunde, gut gegossene Pflanze aus und biegen Sie die Blätter zum Abtrennen vorsichtig nach unten, damit sie sich nahe am Stängel ablösen. Lassen Sie die Blätter ein paar Tage trocknen, um sie anschließend in ein 20 mm tiefes Loch zu stecken, das man in ein Gemisch aus gleichen Teilen Torf und Sand bohrt. Gießen Sie gut an und stellen Sie den Topf dann an einen nicht zu warmen, halb schattigen Platz.

STECKLINGE VON KAKTEEN

Bekanntlich haben die meisten Kakteen sehr spitze Dornen – was uns jedoch nicht davon abhalten sollte, sie durch Stecklinge zu vermehren. Verletzungen lassen sich zumeist leicht durch das Tragen dünner Gummihandschuhe vermeiden. Kakteen, die viele kleine Sprosse an der Basis bilden, beispielsweise Warzenkakteen, können besonders einfach durch Stecklinge vermehrt werden.

1 Schneiden Sie mit einem scharfen Messer weit außen sitzende, gut gewachsene, junge Sprosse ab – und zwar direkt an der Ansatzstelle, damit an der Mutterpflanze kein hässlicher Stumpf zurückbleibt. Nehmen Sie nicht alle Stecklinge von einer Stelle, damit das Aussehen der Pflanze nicht leidet.

2 Lassen Sie die Stecklinge vor dem Einpflanzen ein paar Tage trocknen, weil sich dann schneller Wurzeln bilden, als wenn man sie gleich in die Erde setzt.

3 Füllen Sie einen kleinen Topf bis 1 cm unter den Rand mit einem Gemisch aus gleichen Teilen Torf und Sand. Geben Sie darauf eine dünne Schicht Sand und bohren Sie ein etwa 2,5 cm tiefes Loch hinein, in das dann der Steckling gepflanzt wird. Drücken Sie das Substrat um den Steckling fest und gießen Sie leicht an; anschließend wird der Topf an einen nicht zu warmen, halb schattigen Platz gestellt. Im Frühjahr und Frühsommer bilden die Pflanzen bereits nach ein paar Wochen Wurzeln.

9 PROBLEME VERMEIDEN

Anders als Gartenpflanzen, müssen Zimmerpflanzen in einer künstlichen Umgebung wachsen. Sie sind häufig zu hohen Temperaturen ausgesetzt, bekommen nicht selten zu wenig Licht und ihre Wurzeln sind in einer kleinen Substratmenge eingezwängt, die oft viel zu nass oder zu trocken ist. Außerdem kann die Temperatur im Laufe des Tages beträchtlich schwanken, wobei die Werte besonders im Winter, wenn die Heizung nachts heruntergedreht wird, deutlich absinken können. Dass dennoch so viele Zimmerpflanzen in unseren Wohnungen wachsen, ist fast überraschend und sicherlich hauptsächlich dem Enthusiasmus und der Aufmerksamkeit ihrer Besitzer zu verdanken.

Ganz links: Viele Probleme lassen sich vermeiden, wenn Sie Ihre Zimmerpflanzen an den richtigen Platz stellen. *Cissus rhombifolia* bevorzugt beispielsweise Halbschatten, für *Philodendron scandens* wären solche Bedingungen nicht hell genug.

Links: Wachsblumen, etwa *Hoya carnosa* 'Tricolor' können im Sommer gut in einem Badezimmer stehen, da sie während ihrer Wachstumsphase eine hohe Luftfeuchtigkeit benötigen. Im Winter brauchen sie dagegen trockenere Luft und konstante Temperaturen.

Zimmerpflanzen werden oft von Schädlingen oder Krankheiten befallen, wobei Blätter, Stängel, Triebe und Blüten, aber auch Wurzeln betroffen sein können. Bleiben die Probleme unbemerkt oder wird nichts dagegen unternommen, gehen die Pflanzen zumeist schnell zugrunde. Und natürlich ist auch bei Zimmerpflanzen eine ausreichende Vorsorge besser, als Schädlinge später ausrotten oder Krankheiten bekämpfen zu müssen. Die erste wichtige Maßnahme besteht darin, nur gesunde Pflanzen zu kaufen. Haben Sie Zweifel am Gesundheitszustand einer Pflanze, sollten Sie diese zunächst einmal zwei Wochen allein in ein Zimmer stellen. Schauen Sie sich Ihre Pflanzen beim Gießen genau an, denn nur so werden Sie Krankheiten und Schädlingsbefall rechtzeitig bemerken. Entdecken Sie ein Problem, müssen Sie sofort handeln, damit nicht andere Pflanzen auch noch Schaden nehmen. Wichtig ist es aber auch, nur einwandfreie Blumenerde zu verwenden und niemals Stecklinge von kranken Pflanzen zu schneiden.

Einige Probleme, die bei der Kultur von Zimmerpflanzen auftreten können, werden auf den nächsten Seiten erläutert und die häufigsten Schädlinge und Krankheiten finden Sie dann auf den Seiten 122–123. Pflanzen, die ausreichend mit Nährstoffen versorgt werden, können Schädlingen und Krankheiten besser trotzen als unterernährte Pflanzen. Daher sollten Sie das regelmäßige Düngen niemals vergessen. Allerdings dürfen Pflanzen auch nicht überdüngt werden. Auch sollten Sie im Sommer blühende Arten und Sorten oder aber Blattpflanzen ab Herbst nicht mehr düngen, weil diese sonst noch einmal anfangen zu wachsen, anstatt sich auf die notwendige, winterliche Ruhephase einzustellen. Und dieses zusätzliche Wachstum zur falschen Zeit macht viele Pflanzen ebenfalls anfällig für Schädlingsbefall und Krankheiten.

Links: Pflanzen, die eigentlich in einem Wintergarten oder einem kühlen Gewächshaus am besten aufgehoben sind, sollten Sie in der Wohnung möglichst an ein Fenster stellen. Dort spenden sie außerdem Schatten.

Pflanzenschutzmittel

Pflanzenschutzmittel lassen sich auf recht unterschiedliche Weise anwenden. Die beliebteste Methode ist, die Pflanze mit einem Insektizid einzusprühen. Außerdem gibt es Puder, mit denen man seine Pflanzen einstäuben kann, wobei allerdings oft unschöne Rückstände zurückbleiben. Eine weitere Möglichkeit ist, ein Insektizid ins Gießwasser zu geben oder Stäbchen in die Erde zu stecken, die mit einem Pflanzenschutzmittel getränkt wurden.

Pflanzen mit einem giftigen Pulver einzustäuben ist dagegen weniger beliebt, auch wenn die Methode durchaus effektiv ist. Bevor Sie das Pulver gleichmäßig auf der Pflanze verteilen, sollten Sie diese unbedingt ins Freie bringen, damit Sie den Puder nicht einatmen.

Soll die Pflanze mit einem Spray behandelt werden, stellt man sie in einen Eimer oder eine Plastiktüte (ebenfalls im Freien). Anschließend wird sie besprüht, bevor man den Behälter dann verschließt. Nach etwa einer

Stunde kann die Pflanze herausgenommen werden.

Kulturprobleme

Pflanzen gehen aber nicht nur an Krankheiten und Schädlingsbefall zu Grunde, sondern auch durch unsachgemäßes Gießen, durch zu wenig oder zu viel Sonne, durch ungeeignete Temperaturen, eine zu hohe bzw. geringe Luftfeuchtigkeit oder durch Nährstoffmangel. Auf der nächsten Seite finden Sie einige der häufigsten Probleme und ihre Ursachen.

Kulturprobleme

Wenn eine panaschierte Pflanze nicht genug Licht bekommt, verfärben sich ihre Blätter oft wieder einfarbig grün. Stellen Sie die Pflanze an ein Fenster.

Blüten verwelken und verblassen schnell, wenn das Substrat oder die Luft zu trocken ist, die Temperatur zu hoch ist oder die Pflanze zu wenig Licht bekommt.

Wenn eine Pflanze in kalter Zugluft steht, die Temperatur zu niedrig ist oder wenn zu viel gegossen wurde, rollen sich die Blätter zuerst am Rand ein und fallen dann ab.

Wenn die Erde zu trocken ist, die Temperatur zu hoch oder wenn die Pflanze zu wenig Licht bekommt, werden die unteren Blätter trocken und fallen schließlich ab.

Eine weiße, pulvrige Schicht auf einem Tontopf deutet oft darauf hin, dass die Pflanze überdüngt wurde. Die Ursache kann aber auch zu kalkhaltiges Gießwasser sein.

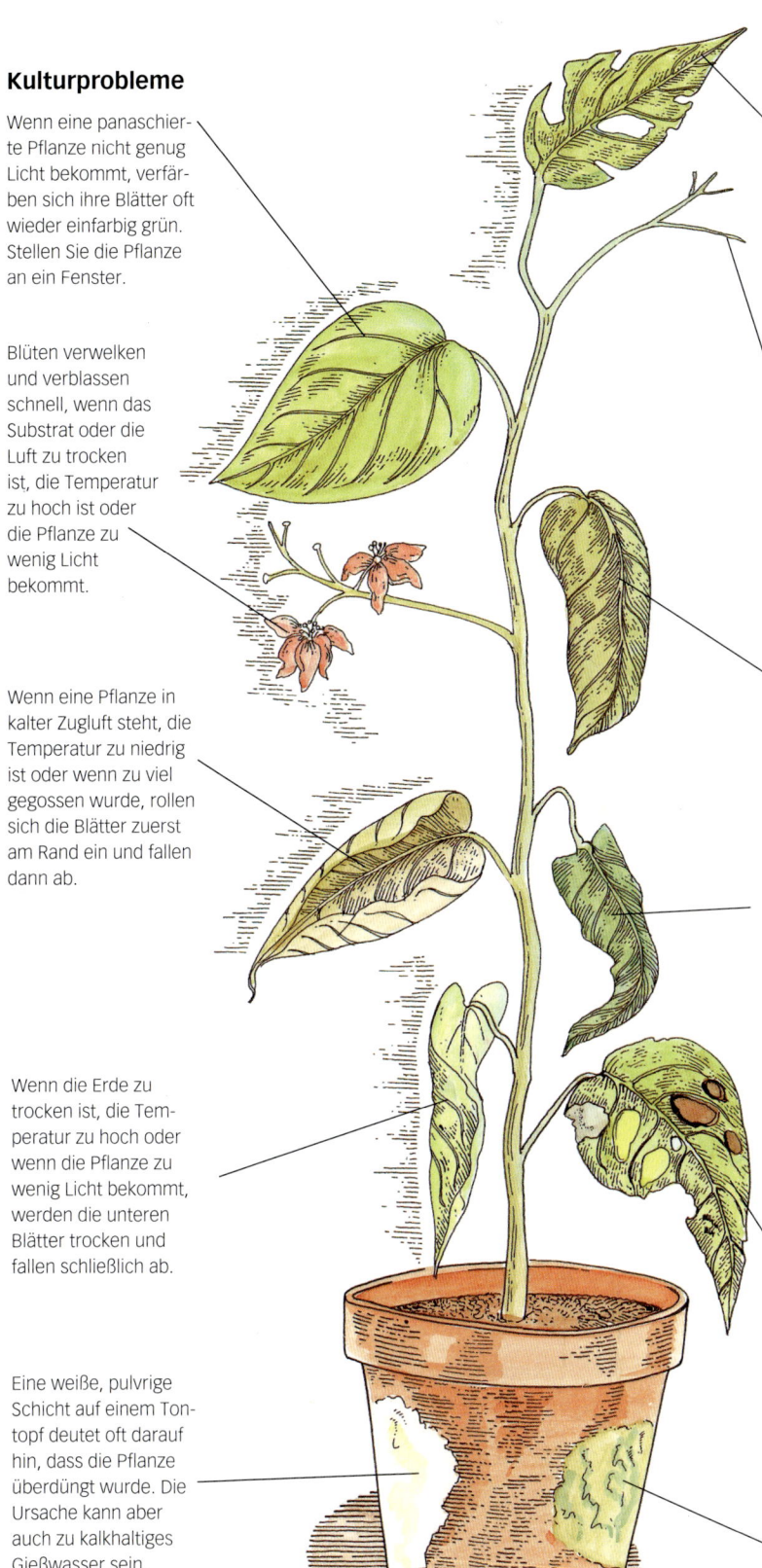

Blätter bekommen manchmal in der Mitte oder am Rand Löcher. Ein Grund kann sein, dass sie zu häufig angestoßen wurden – entweder von menschlichen Bewohnern oder Haustieren. Oft ist die Pflanze aber auch von Schädlingen befallen, etwa Raupen.

Blütenknospen fallen ab, wenn Erde oder Luft zu trocken sind, die Pflanze nicht genug Licht bekommt oder – wie es bei Kakteen manchmal der Fall ist – wenn die Pflanze umgestellt wurde oder größeren Erschütterungen ausgesetzt war.

Blätter welken, wenn die Erde entweder sehr nass oder sehr trocken ist. Aber auch zu trockene Luft und zu viel Wärme können mögliche Ursachen sein. An heißen Tagen lassen Pflanzen am frühen Nachmittag oft die Blätter hängen, erholen sich dann bis zum Abend aber wieder.

Die Blätter welken und faulen, wenn die Erde zu nass ist. Im Winter passiert das recht häufig bei Blattpflanzen.

Unschöne Flecken können durch Verbrennungen verursacht werden, wenn sich Wassertropfen auf den Blättern befinden und die Pflanzen in der prallen Sonne stehen. Aber auch Erkrankungen, etwa die Blattfleckenkrankheit, können Flecken oder Löcher verursachen.

Ein grüner, schleimiger Überzug tritt manchmal auf Tontöpfen oder auf der Substratoberfläche auf, wenn das Substrat über längere Zeit zu stark gegossen wurde.

SCHÄDLINGE UND KRANKHEITEN

Blattläuse

Diese winzigen, grünen Insekten saugen Pflanzensaft. Dabei scheiden sie eine süße Flüssigkeit (Honigtau) aus, die das Wachstum von Schadpilzen begünstigt. Besprühen Sie Ihre Pflanze mit einem geeigneten Insektizid.

Raupen

Raupen findet man in der Wohnung zwar nur selten, doch in Wintergärten tauchen sie gelegentlich auf und fressen dort Löcher in die Blätter. Sammeln Sie die Raupen ab, und verwenden Sie ein geeignetes Insektizid.

Zyklamenmilbe

Diese winzigen, spinnenähnlichen Schädlinge befallen z. B. Alpen- oder Usambaraveilchen und Pelargonien. Die Pflanze verkümmert, die Blätter rollen sich ein und die Blüten fallen ab. Verbrennen Sie die betroffene Pflanze.

Ohrwürmer

Sowohl Garten- als auch Zimmerpflanzen können von Ohrwürmern geschädigt werden. Am Tag sieht man die Insekten nur selten, doch bei Nacht nagen sie an Blättern und Blüten und verursachen dort Löcher und ausgefranste Ränder. Suchen Sie abends unter Blättern und an Blüten nach den Insekten.

Älchen (Nematoden)

Von diesen mikroskopisch kleinen Würmern gibt es viele Arten, die unterschiedliche Pflanzenteile befallen. Besonders unangenehm sind die Wurzelgallenälchen, die unregelmäßige, korkartige Schwellungen an Wurzeln verursachen. Betroffene Pflanzen sollten unbedingt verbrannt werden.

Woll- oder Schmierläuse

Diese Insekten ähneln kleinen Asseln, sind aber mit einer weißen, wolligen Wachsschicht bedeckt. Häufig findet man sie an den Stängeln und unter den Blättern subtropischer und tropischer Pflanzen, wo sie Saft saugen. Tauchen Sie einen Wattebausch in Spiritus oder Alkohol und wischen Sie die Tiere damit ab.

Rote Spinne

Diese winzigen, spinnenartigen Schädlinge saugen an der Unterseite von Blättern Saft und verursachen dabei gelbliche Flecken. Besprühen Sie die Blätter täglich mit Wasser und verwenden Sie ein geeignetes Insektenschutzmittel. Stark befallene Pflanzen sollten möglichst verbrannt werden.

Wurzelläuse

Diese Wollläuse befallen häufig die äußeren Wurzeln von Topfpflanzen, wobei die von Kakteen und anderen Sukkulenten besonders häufig betroffen sind. Überprüfen Sie die Wurzeln, vor allem beim Umtopfen und geben Sie bei Bedarf ein Insektizid ins Gießwasser.

Schildläuse

Einen Befall durch diese Insekten erkennt man zumeist daran, dass die Pflanzen klebrig werden. Schildläuse sind durch ein gewölbtes, braunes, wachsartiges Schild geschützt. Tauchen Sie einen Wattebausch in Spiritus oder Alkohol und betupfen Sie damit die Schädlinge. Stark befallene Pflanzen sollten verbrannt werden.

Blasenfüße (Thrips)

Diese kleinen, dunkelbraunen, fliegenähnlichen Schädlinge saugen an Blättern und Blüten und verursachen dadurch silbrige Streifen und Flecken. Die Insekten haben helle Beine und Flügel und breiten sich schnell aus. Häufig betroffen sind zu trocken gehaltene Exemplare. Besprühen Sie die Pflanzen mehrere Tage lang mit einem Insektizid.

Weiße Fliege

Diese kleinen weißen, mottenähnlichen Insekten fliegen auf, wenn man sie erschreckt. Ihre Jungen sind grün, saugen Saft und scheiden Honigtau aus. Dadurch fördern sie den Befall der Pflanze mit Pilzen. Die Bekämpfung ist schwierig. Am besten hilft noch das Besprühen mit einem geeigneten Insektizid.

Umfallkrankheit

Diese Krankheit, bei der die Stängelbasis weich und schwarz wird, tritt besonders oft bei Pelargonien-Stecklingen auf. Nasses, kaltes oder schlecht durchlässiges Substrat begünstigen die Krankheit. Vernichten Sie stark befallene Stecklinge.

Grauschimmel (Botrytis)

Bei Befall mit Grauschimmel sind die Pflanzen von einem grauen, pelzigen Schimmel überzogen. Der Befall wird durch stehende, feuchte Luft begünstigt. Schneiden Sie kranke Teile ab, entfernen Sie verwelkte Blüten und besprühen Sie die Pflanze mit einem Fungizid. Verbessern Sie die Luftzirkulation um die Pflanze.

Blattfleckenkrankheit

Dieffenbachien, Drachenbäume und Zitronenbäumchen sind für diese Krankheit besonders anfällig. Sie verursacht schwarze Flecken, die die Blätter schließlich absterben lassen. Entfernen und verbrennen Sie befallene Blätter und besprühen Sie sie mit einem Fungizid.

Echter Mehltau

Diese Krankheit verursacht häufig eine weiße, pulvrige Schicht auf den Blättern und manchmal auch auf Blüten und Stängel. Entfernen Sie stark befallene Teile und sorgen Sie für mehr frische Luft.

Wurzelfäule

Diese Krankheit, die durch Pilze hervorgerufen wird, befällt oft Palmen, Kakteen und andere Sukkulenten, aber auch Begonien und Usambaraveilchen. Die Pflanzen verwelken und die Blätter werden gelb. Begünstigt wird der Befall durch zu starkes Gießen.

Rostpilze

Diese Pilzkrankheit tritt bei Zimmerpflanzen nur selten auf. Eine Ausnahme sind Pelargonien. Bei Befall bilden sich auf den Blättern pustelartige schwarze oder rostbraune Flecken. Entfernen und verbrennen Sie die betroffenen Blätter, sorgen Sie für eine bessere Belüftung und besprühen Sie die Pflanze mit einem geeigneten Fungizid.

Rußtaupilze

Diese Pilze bilden einen rußartigen Belag auf Pflanzen. Ausgangspunkt für den Befall ist häufig der Honigtau, den Blattläuse ausgeschieden haben. Besprühen Sie die Pflanze mit einem Mittel gegen Blattläuse und wischen Sie die betroffenen Pflanzenteile mit einem feuchten Lappen ab.

Viren

Bei einer Viruserkrankung dringen mikroskopisch kleine Erreger in das Gewebe ein und schädigen die Pflanze. Zu erkennen ist das häufig an Missbildungen, Flecken auf den Blättern und Farbveränderungen der Blüten. Behandlungsmöglichkeiten gibt es nicht, außer man bekämpft Saft saugende Insekten, die häufig Viren verbreiten.

Vorsicht mit Pflanzenschutzmitteln

Gehen Sie mit allen Insektiziden und Fungiziden sehr vorsichtig um.

- Halten Sie die Mittel von Kindern fern und füllen Sie die Substanzen niemals in Getränkeflaschen um.
- Befolgen Sie immer die Anweisungen des Herstellers. Wenn Sie ein Pflanzenschutzmittel in einer höheren Konzentration anwenden, verbessert das nicht die Wirkung, sondern schädigt unter Umständen sogar die Pflanzen.
- Einige Pflanzen reagieren empfindlich auf bestimmte Substanzen. Lesen Sie daher das Etikett sorgfältig durch, besonders wenn Sie Palmen, Farne, Kakteen und andere Sukkulenten behandeln wollen.
- Vermischen Sie Pflanzenschutzmittel niemals miteinander, außer es wird ausdrücklich empfohlen.
- Besprühen Sie Zimmerpflanzen möglichst im Freien, und auf keinen Fall in Zimmern mit Vögeln, Fischen oder anderen Haustieren.
- Verwenden Sie Sprays niemals in der Nähe von Nahrungsmitteln und besprühen Sie möglichst keine Tapeten und Stoffe.
- Verfallen Sie nicht dem Irrglauben, Pflanzenschutzmittel seien ungefährlich, wenn sie aus natürlichen Pflanzenextrakten hergestellt wurden.

GLOSSAR

Abmoosen: Eine Methode zur Vermehrung, bei der die Wurzelbildung am Stängel der Mutterpflanze angeregt wird. Gummibäume (*Ficus elastica*) werden häufig auf diese Weise vermehrt.

Absenker: Eine vegetative Form der Vermehrung, bei der ein Stängel auf den Boden heruntergebogen und dort mit ein wenig Erde bedeckt wird. Nach der Bewurzelung erfolgt die Abtrennung von der Mutterpflanze.

Adventivwurzeln: Wurzeln, die sich an ungewöhnlichen Stellen bilden, beispielsweise an Blättern oder Stängeln.

Akarizide: Pflanzenschutzmittel gegen Milben, etwa Spinnmilben.

Alkalisch: Substrat mit einem pH-Wert über 7,0.

Anthere: (Staubbeutel) Teil eines Staubblattes, in dem der Blütenstaub (Pollen) gebildet wird. Ein Staubblatt besteht aus einem Stiel (Staubfaden) und dem Staubbeutel an der Spitze.

Apikal: An der Spitze eines Triebes oder Astes befindlich.

Areole: (Haarkissen) Stark reduzierter Kurztrieb, der wie ein kleiner Hügel aussieht und nur bei Kakteen vorkommt. Er ist zumeist dicht mit Dornen, Haaren oder Borsten bedeckt.

Bestäubung: Übertragung des Pollens (Blütenstaub) auf die Narbe des Fruchtknotens.

Auskneifen: Das Abkneifen einer Triebspitze, damit Seitentriebe wachsen können.

Blattachsel: Der von einem Blatt und dem Stängel gebildete Winkel, aus dem Seitentriebe oder Blüten wachsen können.

Blattgelenk: Die Ansatzstelle des Blattes am Stängel. Wird oft auch Blattknoten oder Nodus bzw. Nodium genannt.

Blattläuse: Diese Insekten gehören zu den häufigsten Schädlingen bei Zimmer- und Gartenpflanzen. Sie vermehren sich im Frühjahr und Sommer relativ schnell und sammeln sich dann um die weichen Teile von Blüten, Trieben, Stängeln und Blättern. Dort saugen sie Saft und schwächen auf diese Weise die Pflanze; außerdem verbreiten sie nicht selten Viren.

Blattstiel: Stiel eines Blattes.

Braktee: (Deckblatt) Das Tragblatt einer Blüte. Einige Deckblätter schützen eine Blüte, andere übernehmen dagegen die Rolle von Blütenblättern und bestimmen dadurch auch das Aussehen der Pflanze. Der Weihnachtsstern (*Euphorbia pulcherrima*) hat besonders leuchtend gefärbte Brakteen.

Bromelie: Mitglied der Familie Bromeliaceae (Ananasgewächse). Zahlreiche Bromelien haben Blattrosetten, die eine Art „Zisterne" bilden; viele Arten aus dieser Gruppe sind Epiphyten (Aufsitzerpflanzen).

Bulbillen: (Brutzwiebeln) In Achselknospen wachsende, winzige, der vegetativen Fortpflanzung dienende Zwiebel. Manche Pflanzen, beispielsweise der Streifenfarn (*Asplenium bulbiferum*), bilden Jungpflanzen an ihren Blättern, die manchmal ebenfalls Bulbillen genannt werden. Man kann sie mit einer Pinzette vorsichtig abnehmen und Wurzeln bilden lassen.

Chlorophyll: (Blattgrün) Der grüne Farbstoff in Pflanzen, der als wichtiger Energieüberträger bei der Fotosynthese dient.

Dormanz: (Ruhezustand) Ruhezeit einer Pflanze oder eines Samens.

Einfarbig: Blüten mit nur einer Farbe, im Unterschied zu zweifarbig und vielfarbig.

Einjährige Pflanze: Eine Pflanze, deren Lebenszyklus nur ein Jahr dauert. Die Samen keimen, die Pflanze wächst; Blüten und Samen entstehen also innerhalb einer Wachstumsperiode.

Eintopfen: Eine junge Pflanze aus einer Saatschale in einen Topf umsetzen.

Einzelblüte: Eine kleine Blüte, die zusammen mit anderen Einzelblüten einen Blütenkopf bildet. Beispiele sind Chrysanthemen oder andere Korbblütler (Compositae).

Epiphyten: (Aufsitzerpflanzen) Pflanzen, die hauptsächlich auf Bäumen oder Felsen wachsen. Epiphyten entziehen ihrem „Wirt" keine Nährstoffe, sondern benutzen ihn nur als Unterlage. Viele Orchideen und Bromelien sind Epiphyten.

F1-Hybriden: Die erste Tochtergeneration bei einer Kreuzung von zwei reinerbigen, nicht verwandten Elternpflanzen. F1-Hybriden sind im Idealfall groß und kräftig und sehen alle gleich aus, während ihre Nachkommen nicht unbedingt wie die Mutterpflanze aussehen müssen, von der die Samen stammen.

Farn: Mehrjährige Pflanze ohne Blüten, die zur Fortpflanzung Sporen bildet.

Filament: (Staubfaden) Der schlanke Stiel, an dem der Staubbeutel sitzt. Staubbeutel und Staubfäden bilden zusammen das Staubblatt.

Flaschengarten: Korbflaschen und andere große Glasgefäße, in die man Pflanzen setzen kann. Manchmal wird das Gefäß sogar verstöpselt, sodass ein geschlossenes System entsteht, in anderen Fällen bleibt es offen.

Fleisch fressende Pflanzen: (Insektivoren) Pflanzen, die kleine Tiere, beispielsweise Fliegen und andere Insekten fangen und verdauen können. Auf diese Weise bekommen sie zusätzliche Nährstoffe, die an ihrem Standort nicht zur Verfügung stehen.

Flore-pleno: Bezeichnung für Pflanzen mit gefüllten Blüten.

Fotosynthese: Prozess, bei dem mit Hilfe des Chlorophylls (Blattgrüns) der Pflanzen und der Energie der Sonne aus Wasser, das über die Wurzeln aufgenommen wird und Kohlendioxid, das über die Spaltöffnungen (Stomata) in die Pflanze gelangt, Kohlenhydrate synthetisiert werden.

Fungizid: Mittel zur Bekämpfung von Pilzkrankheiten.

Gattungsbastard: Eine Pflanze, die aus der Kreuzung von zwei Individuen aus unterschiedlichen Gattungen hervorgegangen ist. Gattungsbastarde werden durch ein Kreuz vor dem Pflanzennamen gekennzeichnet. So ist beispielsweise die Efeuaralie (x *Fatshedera lizei*) eine Kreuzung zwischen einer Zimmeraralie (*Fatsia japonica* 'Moderi') und einem Efeu (*Hedera helix* 'Hibernica').

Gefüllte Blüten: Blüten mit ungewöhnlich vielen Blütenblättern.

Glochiden: Mit Widerhaken besetzte Dornen mancher Sukkulenten, beispielsweise Opuntien.

Infloreszenzen: (Blütenstände) Die Teile einer Pflanze, an denen die Blüten sitzen.

Kaktus: Sukkulente Pflanze, die zur Familie der Cactaceae (Kakteen) gehört. Alle Kakteen zeichnen sich durch Areolen aus.

Kapillaraufstieg: Der Mechanismus des Aufsteigens von Wasser in einem Porensystem, beispielsweise Blumenerde. Je feiner die Erdpartikel, umso besser kann die Feuchtigkeit nach oben steigen. Nach einem ähnlichen Prinzip funktioniert auch eine Bewässerungsanlage für Topfpflanzen auf einer Glasveranda oder einem Wintergarten bzw. Gewächshaus.

Keimblatt: Das erste Blatt (oder Blattpaar), das nach dem Keimen des Samens gebildet wird.

Keimung: Erstes Wachstum des pflanzlichen Embryos im Samen. Ausgelöst wird die Keimung beispielsweise durch mehr Feuchtigkeit oder höhere Temperaturen; anschließend durchbricht die Keimwurzel die Samenschale und es bilden sich ein oder auch zwei Keimblätter, die zum Licht wachsen, während sich die Wurzel nach unten orientiert.

Klon: Durch vegetative Vermehrung entstandene Pflanze, die genetisch ein exaktes Ebenbild der Mutterpflanze ist.

Kopfdüngung: Bei dieser Form der Düngung wird bei einem Pflanzgefäß die oberste Substratschicht herausgenommen und durch frische Erde ersetzt. Die Methode wendet man hauptsächlich bei Pflanzen an, die zu groß zum Umpflanzen sind.

Korolla: (Blütenkrone) Der von Kronblättern gebildete, innere Kreis einer doppelten Blütenhülle.

Kultivar: (Sorte) Gezüchtete Varietät, die auf einen Standard hin ausgelesen wurde.

Luftwurzeln: Oberirdische Wurzeln, die sich beispielsweise an einem Stängel bilden können. Typische Pflanzen mit Luftwurzeln sind das Fensterblatt (*Monstera deliciosa*) sowie einige Efeu- und Orchideen-Arten. Die Hauptaufgabe der Luftwurzeln besteht darin, die Stängel abzustützen.

Mehrjährige Pflanzen: Pflanzen, die mehrere Vegetationsperioden überdauern, beispielsweise Bäume oder Sträucher (siehe auch: Staude).

Nebenkrone: Freie oder verwachsene, kronblattähnliche Anhängsel der Kronblätter, beispielsweise bei Osterglocken.

Neutral: Substrat, das weder sauer noch alkalisch ist, also einen neutralen pH-Wert von 7,0 besitzt. Im Gartenbau gilt ein pH-Wert zwischen 6,5 und 7,0 als neutral.

Nodus: (Blattknoten) Die Ansatzstelle eines Blattes am Stängel.

Ovarium: (Fruchtknoten) Der weibliche Teil einer Blüte, in dem die Bestäubung stattfindet und die Samen wachsen.

Panaschiert: Bezeichnung für gestreifte oder gefleckte Blätter.

Pflanzerde: Bei Zimmerpflanzen bezieht sich dieser Begriff auf das Substrat, in dem man seine Pflanzen wachsen lässt. Normalerweise handelt es sich um Kompost, dem Ton, Lehm, grober Sand, Heideerde, Holzkohle oder auch Dünger beigemischt wurde.

pH-Wert: Logarithmische Skala, auf der sich der Säuregrad von Erde oder Wasser ablesen lässt. Die Skala reicht von 0 bis 14. Bei pH 7,0 ist das Substrat neutral, darüber ist es alkalisch (basisch) und darunter sauer.

Pikieren: (Vereinzeln) Sämlinge aus der Schale, in der sie ausgesät wurden, in andere Gefäße umsetzen, damit sie mehr Platz haben.

Primärblätter: Bei einigen Zimmerpflanzen haben die Erstlingsblätter, die nach den Keimblättern gebildet werden, eine andere Form als die späteren Laubblätter. Diese anders aussehenden Blätter nennt man Primärblätter.

Pseudobulben: (Sprossknollen) Der verdickte Spross einiger Orchideen.

Ranke: Fadenartiger Auswuchs, mit dem sich manche Kletterpflanzen an einer Unterlage festhalten.

Rhizom: (Wurzelstock) Unterirdischer, mehr oder weniger verdickter Spross, in dem Pflanzen häufig Nährstoffe speichern.

Sämling: Eine junge Pflanze, die sich nach dem Keimen aus einem Samen entwickelt.

Sauer: Substrat mit einem pH-Wert unter 7,0. Die meisten Pflanzen wachsen in leicht saurer Erde mit einem pH-Wert um 6,5 am besten.

Säulenartig: Eine Pflanze, die senkrecht in die Höhe wächst. Der Begriff bezieht sich zumeist auf Bäume und Koniferen, wird aber manchmal auch bei bestimmten Kakteen benutzt.

Scherbe: Tonscherbe, die man unten in einen Blumentopf legt, damit die Erde nicht das Abflussloch verstopft.

Sessil: (Sitzend) Blätter und Blüten, die ohne Stiel oder Stängel an einer Pflanze sitzen.

Setzholz: Werkzeug, mit dem man Pflanzlöcher in die Erde bohren kann.

Setzling: Jede Art von pflanzfähiger Jungpflanze.

Spadix: (Blütenkolben) Blütenstand Ähre aus winzigen Blüten, meistens von einem Deckblatt umgeben.

Spatha: (Blütenscheide) Oft lebhaft gefärbtes Hochblatt, das in Ein- oder Mehrzahl unter zumeist kolbenförmigen Blütenständen sitzt.

Sporen: Ungeschlechtliche Fortpflanzungszellen blütenloser Pflanzen, beispielsweise Farnen.

Stamina: (Staubblätter) Die Pollen bildenden Teile einer Blüte.

Staude: Ausdauernde, krautige Pflanze, die wiederholt blüht und fruchtet.

Stecklinge: Pflanzenteile, die sich unter geeigneten Bedingungen nach der Abtrennung von der Mutterpflanze bewurzeln und dann zu einer neuen Pflanze heranwachsen.

Stigma: (Narbe) Oberster, zur Aufnahme des Pollens dienender Teil der Fruchtblätter.

Stipulae: (Nebenblätter) Blattartige Ausbildung des Blattgrundes an der Ansatzstelle mancher Blattstiele.

Stolonen: Ausläuferartige Sprosse, an deren Knoten sich Wurzeln bilden können. Ein Beispiel ist *Saxifraga stolonifera*.

Stomata: (Spaltöffnungen) Winzige Öffnungen in der Blattepidermis, die dem Gasaustausch einer Pflanze dienen. Sehr häufig befinden sich die Spaltöffnungen auf der Unterseite eines Blattes.

Stylus: (Griffel) Teil des Fruchtblattes, der die Narbe mit dem Fruchtknoten verbindet.

Sukkulenten: Pflanzen mit verdickten und fleischigen Blättern. Kakteen sind Sukkulenten, aber nicht alle Sukkulenten sind auch Kakteen.

Systemische Pflanzenschutzmittel: Substanzen, die in das Gewebe einer Pflanze eindringen und dann saugende Insekten abtöten.

Fiederblatt: Manche Blätter bestehen aus mehreren kleinen Einzelblättchen, die Fiedern genannt werden. Eine Fieder besitzt keine Blattknospe in der Blattachsel.

Teilen: Vegetative Vermehrungsmethode, bei der die Stängel und Wurzeln einer Pflanze geteilt werden.

Terrarium: Teilweise oder ganz geschlossenes Glasgefäß, in dem sich Pflanzen unterbringen lassen.

Terrestrisch: Auf dem Erdboden wachsend.

Torf: Ablagerung abgestorbener Pflanzenteile. Torf, der einen pH-Wert im sauren Bereich aufweist, hält die Feuchtigkeit, sodass er oft Bestandteil von Blumenerde ist. Damit die Torfmoore nicht weiter zerstört werden, benutzt man heute aber auch häufig Torfersatzstoffe.

Turgid: Blätter oder Pflanzen, die sich mit Flüssigkeit vollgesaugt haben und daher angeschwollen und fest sind.

Umtopfen: Eine ältere Pflanze in einen neuen Topf setzen.

Varietät: Systematische Kategorie unterhalb der Art. Der Begriff bezeichnet sowohl echte Varietäten als auch durch Züchtung entstandene Varianten, die eigentlich Sorten genannt werden müssten.

Vegetative Vermehrung: Ungeschlechtliche Form der Vermehrung bei Pflanzen, z. B. durch Stecklinge, Absenker und Teilung, aber nicht durch Samen.

Vermehrung: Erzeugung neuer Pflanzen durch geschlechtliche oder ungeschlechtliche Fortpflanzung.

Wechselständig: Knospen oder Blätter, die an den gegenüberliegenden Seiten eines Stängels oder Triebes wachsen.

Wedel: Blatt einer Palme oder eines Farns.

Weichholzsteckling: Von einem unverholzten Trieb geschnittener Steckling.

Wurzelballen: Der Ballen aus Wurzeln und Erde an der Basis einer Zimmerpflanze.

Wurzelhaare: Feine, dünnwandige Ausstülpungen der Wurzeln, die hauptsächlich der Aufnahme von Nährstoffen aus dem Boden dienen.

Xerophyten: Pflanzen, die an trockene Standorte angepasst sind, beispielsweise Wüstenkakteen. Viele Xerophyten, die normalerweise sehr langsam wachsen, besitzen ein Speichergewebe und häufig Dornen.

Zwiebel: Zumeist unterirdisches Speicherorgan mit scheibenförmig abgeflachter Struktur und fleischig angeschwollenen Blättern.

REGISTER

BILDNACHWEIS

Garden Picture Library/A.I. Lord 90 links / Linda Burgess 79 / Friedrich Strauss 5 Ausschnitt 3, 5 Ausschnitt 4, 28, 38, 41, 86 links, 87 / Steve Wooster 42

Octopus Publishing Group Limited / Guy Ryecart 9, 10, 14, 21, 24 rechts oben, 24 rechts unten, 26 unten, 27 links oben, 29 oben, 30 links, 30 rechts, 34 links, 39, 43 links, 43 rechts, 45 rechts, 46, 48, 49 oben, 50 links, 51 rechts, 53 links, 55, 56, 57, 58, 60 rechts, 62 rechts, 63, 67 links oben, 67 unten, 69 links oben, 73, 74, 75 oben, 75 unten, 77 oben, 77 unten, 81 unten, 82 unten, 83, 85 rechts, 89, 90 rechts oben, 91, 94, 95, 96 links, 96 rechts, 97 links, 98, 99 links, 99 rechts, 100, 102, 103 links, 103 rechts, 116 / Marianne Majerus 5 Ausschnitt 2, 5 Ausschnitt 7, 22, 47, 92 / Ian Wallace 97 rechts / Steve Wooster 2–3, 4–5, 5 Ausschnitt 1, 5 Ausschnitt 6, 7, 8, 11, 12, 13, 15, 16, 18, 20, 23, 24 links, 25, 26 oben, 27 rechts, 31, 32, 33 oben, 33 unten, 34 rechts, 35, 36, 37, 40, 44, 45 links, 49 unten, 50 rechts, 51 links, 52, 53 rechts, 59, 61, 62 links, 64, 66, 67 rechts oben, 68, 69 rechts oben, 70, 71, 72, 76, 78, 80, 81 oben, 82 oben, 84, 85 links, 86 rechts, 88, 101, 105, 119

Harpur Garden Library 90 rechts unten

The Interior Archive / Fritz von der Schulenburg 5 Ausschnitt 8, 104

Andrew Lawson 29 unten, 60 links

Elizabeth Whiting & Associates 5 Ausschnitt 5, 5 Ausschnitt 9, 54, 118, 120

Abbildungen auf dem Umschlag:
Garden Picture Library / Steve Wooster Vorderseite links oben
Octopus Publishing Group Limited / Steve Wooster Vorderseite rechts oben, Vorderseite unten